U0348146

农户采纳化肥减施增效技术的行为研究

◎习　斌　魏莉丽　徐志宇　李　可　邢可霞　著

中国农业科学技术出版社

图书在版编目（CIP）数据

农户采纳化肥减施增效技术的行为研究 / 习斌等著 . —北京：中国农业科学技术出版社，2022.4

ISBN 978-7-5116-5669-8

Ⅰ.①农…　Ⅱ.①习…　Ⅲ.①化学肥料—施肥—研究　Ⅳ.① S143

中国版本图书馆 CIP 数据核字（2021）第 275219 号

责任编辑	金　迪
责任校对	贾海霞
责任印制	姜义伟　王思文

出 版 者	中国农业科学技术出版社
	北京市中关村南大街 12 号　　邮编：100081
电　　话	（010）82106625（编辑室）　（010）82109702（发行部）
	（010）82109709（读者服务部）
传　　真	（010）82106643
网　　址	http://www.castp.cn
经 销 者	各地新华书店
印 刷 者	北京建宏印刷有限公司
开　　本	170mm×240mm　1/16
印　　张	7.5
字　　数	140 千字
版　　次	2022 年 4 月第 1 版　2022 年 4 月第 1 次印刷
定　　价	78.00 元

◄━━◆ 版权所有·侵权必究 ◆━━►

前　言

　　农业问题是关系到国计民生的根本性问题之一，化肥是农业生产中重要的投入要素，对保障我国粮食安全起到举足轻重的作用。目前，我国化肥施用量仍处于高位，施用强度高，肥料利用率低，较发达国家还有一定差距，对生态环境产生一定负面影响。近年来，为推动农业绿色发展，国家启动实施了化肥使用量零增长、果菜茶有机肥替代化肥等示范行动，设立了国家重点研发计划"化学肥料和农药减施增效综合技术研发"重点专项，取得一批化肥减施增效技术。在技术推广应用过程中，农民是农业生产的微观主体，也是农业生产中施肥行为的决策单元，是技术落地实现的直接行动者。由于技术研发与示范推广的主体是不同等级的部门和人员，这就容易导致先进技术与生产应用之间经常存在不同程度的脱节现象。解决问题的关键在于开展相关"载体"的研究，通过对技术载体——农民的施肥行为研究，在养分高效利用技术与生产实践之间架设一道桥梁，使先进技术进一步物化，促进农业的可持续发展。由于以往研究更多的是关注减施技术的社会、环境等效益，忽略了农户的行为意愿，导致农户对新技术实际的接受度不高。农民施肥技术的高低、施肥意愿等主观因素直接决定了肥料施用的实际效果。因此，从施肥行为入手研究农民技术选择和决策的过程是十分必要的。

　　本书主要是围绕两大核心内容开展介绍：施肥行为决策过程、意愿与行为一致性。作者以农户的施肥行为作为研究对象，首先阐述影响农户行为的主客观因素，然后分析农户行为的决策过程，并对其行为效益进行了测算。在理论分析的基础上，以湖北省沙洋县水稻、江西省新余市渝水区水稻、贵州省湄潭县茶树的种植户调研数据为例，对农户的施肥行为进行实证分析，通过对农户施肥技术采纳意愿、施肥行为选择的分析，提出基于农户层面的化肥减施技术推广建议。

本书在农业农村部农业生态与资源保护总站主持的国家重点研发专项（编号：2016YFD0201306）资助下完成，写作过程中得到了湖北省农业科学院植保土肥研究所、中国农业科学院茶叶研究所、江西省新余市农业农村局、贵州大学、河南农业大学、中国农业生态环境保护协会的大力支持，在此向写作过程中给予帮助、支持的领导、同事和朋友们表示衷心的感谢！

由于写作水平及其他各方面因素的限制，书中难免存在不足，诚恳希望相关专家和学者提出宝贵意见和建议。

著者

2021 年 12 月

目 录

第 1 章 绪 论 ……………………………………………… 1

1.1 生态环境面临的压力 ……………………………… 1

1.2 研究农民行为的必要性 …………………………… 3

1.3 主要内容与方法 …………………………………… 4

1.4 理论与现实意义 …………………………………… 7

第 2 章 农户施肥行为的研究进展与理论依据 …………… 9

2.1 关于农户行为的梳理 ……………………………… 9

2.2 理论依据 …………………………………………… 14

第 3 章 我国农业生产化肥施用的现状 …………………… 20

3.1 化肥使用量的变化 ………………………………… 20

3.2 我国化肥施用存在的问题 ………………………… 25

3.3 化肥减施技术领域的学科态势 …………………… 27

第 4 章 农户采纳减施增效技术行为的影响因素 ………… 35

4.1 种植户的施肥现状 ………………………………… 35

4.2 农户的认知与意愿选择 …………………………… 37

4.3 政府职能对农户行为的影响 ……………………… 40

4.4 政策因素对农户行为的影响 ……………………… 42

4.5 农户的化肥施用行为 ……………………………… 47

4.6 小结 ………………………………………………… 50

第 5 章 湖北省稻农采纳化肥减施技术意愿及行为效益分析 … 51

5.1 稻农采纳化肥减施增效技术意愿的实证分析 …… 51

5.2 稻农采纳化肥减施增效技术的行为效益分析 ······· 60

5.3 本章小结 ··· 66

第6章 江西省稻农采纳化肥减施技术的行为研究 ········· 68

6.1 理论基础与研究假说 ···································· 68

6.2 数据来源及样本概述 ···································· 71

6.3 模型选择与解释变量说明 ······························ 73

6.4 估算结果与分析 ··· 76

6.5 本章小结 ·· 78

第7章 贵州省茶农化肥减施行为意愿与行为选择关系分析··· 80

7.1 理论依据与研究假设 ···································· 80

7.2 数据来源与方法选择 ···································· 82

7.3 问卷设计与样本概述 ···································· 82

7.4 信度检验与结果分析 ···································· 84

7.5 本章小结 ·· 86

第8章 研究结论与建议 ··· 89

8.1 发展规模经营，鼓励共享经营权 ······················ 89

8.2 加强农户培训，发挥示范作用 ························· 90

8.3 增强养分管理，完善减施技术 ························· 91

8.4 强化顶层设计，建立补偿机制 ························· 91

8.5 本章小结 ·· 92

附录 ·· 93

附录1 农户采纳化肥减施增效技术的效益调查 ············ 93

附录2 农户采纳化肥减施增效技术的意愿调查 ············ 97

附录3 农户化肥减施行为研究的调查问卷 ··············· 100

参考文献 ·· 103

第 **1** 章

　　农业生产不合理使用资源、过度开发大自然等，致使农业生态环境亮起了"红灯"，低效、不合理施用化肥引起的环境问题困扰着许多国家。目前，世界范围内氮肥的平均利用率仅为33%（Mohammend，2013），磷肥的利用率更是不足15%（Abbadi，2015），剩余养分对生态环境系统造成了威胁。例如，空气污染物PM2.5中的铵盐含量主要是由养殖业造成的（Krupa，2003；郝吉明，2016），不合理、过量施用肥料还造成了美国切萨皮克湾的氮磷污染事件（Land，2012）、密西西比河流域6 000平方英里①"死亡区"的环境灾难（Parlberg，2013）。我国在实现农业产业发展不断迈上新台阶的同时也面临着资源约束趋紧、面源污染严重、生态系统退化等一系列严峻的挑战。

1.1　生态环境面临的压力

　　在农业生产所需的各项投入要素中，肥料是农作物种植过程中不可或缺的物质投入。化学肥料在维持土壤养分平衡、提高作物产量、改善农产品品质等方面发挥了非常重要的作用，是促进农业持续发展的稳定剂，也是保证世界粮食安全的重要物质基础（张卫峰，2016）。联合国粮农组织（Food and Agriculture Organization of the United Nations，FAO）的统计结果显示，在20世纪50年代到70年代的20年间，世界粮食的总产量翻了一番，其中贡献率最高的就是化肥（白由路，2013）。中国农业生产化肥使用总量自1984年首次超过美国以后，连续多年来成为世界化肥施用量最大的国家，近年来，中国化肥使用量一直维持在每年5 300万t左右（中国农村统计年鉴，2021）。在目前的栽培技术和产量条件下，150～200 kg/hm^{2}是专家们推荐的化肥使用总量，即使在高产条件下推荐量也不会超过

――――――――――
①　1平方英里≈2.59 km^2。

250 kg/hm^2，发达国家为防止水体污染设置了安全上限值为 225 kg/hm^2，有研究发现我国几乎所有地区的单位面积化肥用量都超出了专家推荐值，给生态环境带来了一定风险（侯萌瑶，2017）。2021 年《中国统计年鉴》数据显示，2020 年我国耕地灌溉面积为 69 160.5 hm^2，农用化肥施用量为 5 250.7 万 t。农业农村部公布的我国水稻、玉米、小麦三大粮食作物化肥利用率为 40.2%。

由不合理施用化学肥料和农药所引起的一系列生态环境问题，越来越受到国家的高度重视和社会的广泛关注。尤其是党的十八大以来，党中央国务院高度重视绿色发展，习近平总书记多次强调"绿水青山就是金山银山"。2017 年习总书记在中共中央政治局会议上强调："坚决摒弃损害甚至破坏生态环境的发展模式，坚决摒弃以牺牲生态环境换取一时一地经济增长的做法，让良好生态环境成为人民生活的增长点、成为经济社会持续健康发展的支撑点、成为展现我国良好形象的发力点，让中华大地天更蓝、山更绿、水更清、环境更优美。"2018 年习总书记在全国生态环境保护大会提出："生态环境是关系党的使命宗旨的重大政治问题，也是关系民生的重大社会问题。"国家的一系列政策方针也明确提出要加强农业生态文明建设：党的十八大将生态文明建设纳入中国特色社会主义事业"五位一体"的总体布局，十八届三中、四中全会进一步将生态文明建设提升到制度层面，党的十八届五中全会将绿色发展上升至五大发展理念之一。党的十九大报告再次强调，生态文明建设功在当代、利在千秋，是中华民族永续发展的千年大计，还提出要推进绿色发展、着力解决突出环境问题等一系列重大战略部署。2017 年中央一号文件提出实施绿色生产方式延伸产业链，优化农业产业结构，推动供给侧结构性改革，促进农业绿色可持续发展。2018 年中央一号文件指出要加强农业面源污染防治，开展农业绿色发展行动，实现投入品减量化、生产清洁化、废弃物资源化、产业模式生态化。2019 年中央一号文件再次提出加大农业面源污染治理力度，开展农业节肥节药行动，实现化肥农药使用量负增长。2020 年中央一号文件要求深入开展农药化肥减量行动。

在新时代农业绿色发展背景下，按照"转方式、调结构"的农业发展要求，科学技术部、国家发展改革委员会、财政部等部委联合组织实施了"减肥减药"重大专项科研计划，相继启动了 3 个任务方向的 49 个科研项目，共投入 23.28 亿项目资金，融合了多个学科，目的是改善我国当前化肥农药施用不合理的局面。农业部在 2015 年制定了《到 2020 年化肥使用量零增长行动方案》，旨在通过政策引导、技术研发等一系列的宏观措施控制农业生产的化肥施用量，到 2020 年实现化肥施用零增长的目标。国家采取的措施主要是逐步推行耕地修复、休耕轮作，鼓励施用有机肥取代化肥，推广应用各种功能性新型肥料，开展测土配方施肥，努力提高化肥利用率，逐步减少化肥施用量等。

生态环境部、国家统计局、农业农村部 2020 年 6 月共同发布《第二次全国污染源普查公报》。在新闻发布会上指出，从"一污普"到"二污普"已经过去十年了，这期间我国粮食产量从 5 亿 t 增加到 6.6 亿 t，肉蛋奶产量从 1.2 亿 t 增加到 1.4 亿 t，水产养殖产量从 3 100 万 t 增加到 4 700 万 t，粮食和重要农产品供给充足。与此同时，农业领域中的污染排放量明显下降，化学需氧量、总氮、总磷排放分别下降了 19%、48%、25%。普查数据结果显示，农业源污染排放占比仍然较高。但是，农业的发展离不开化肥，化肥的使用给生态环境带来了风险，粮食—资源—环境的矛盾将在全球范围内持续影响社会的发展（Nagase 等，2011），处理好农业生产与生态环境的关系是实现粮食安全、农业可持续发展的重要基础（Clairs 等，2010；张元红等，2015；高尚宾等，2019），解决农业发展与生态环境保护之间矛盾唯一可行的方法就是改进肥料管理（Ebrahimian，2014）。

1.2　研究农民行为的必要性

我国氮肥消费量占世界化肥消费总量 32%，其中有 19% 是施在稻田中（安宁，2015）。目前水稻氮肥的平均施用量为 190 kg/hm^2，超出世界平均施氮水平近 90%（彭少兵，2002），有些地区施氮量甚至超过了 300 kg/hm^2。因此，尽管我国水稻的单产水平高，与其他一些水稻高产国家如日本、韩国等相近，但是氮肥生产力仅为 34 kg/kg，氮肥农学利用率不足 10 kg/kg，氮肥回收利用率为 30%～35%（彭少兵，2002），低于亚洲其他主要水稻生产国，如日本、印度尼西亚、泰国和菲律宾等。低的氮肥利用率导致大量的化学氮肥损失到大气、土壤和水体中，给环境带来风险（郭俊婷，2016）。

农民是农业生产的微观主体，也是农业生产中施肥行为的决策单元。由于技术研发与示范推广的主体是不同等级的部门和人员，这就容易导致先进技术与生产应用之间经常存在不同程度上的脱节现象（沈鑫琪，2019）。解决问题的关键在于开展相关"载体"的研究（戴小枫，2013）。

通过对技术载体——农民的施肥行为研究，在养分高效利用技术与生产实践之间架设一道桥梁，使先进技术进一步物化，促进农业的可持续发展。化肥减施技术的主要载体是农业经营主体，我国现阶段农业种植方式还是以传统的、分散的小规模农户种植为主，农民的技术选择行为在很大程度上受周围农户的影响（王世尧，2017；魏莉丽，2018），学者们也从农户个体特征、家庭特征、外部环境等影响因素体系出发（杨兴杰，2020；何悦，2020），探求了化肥减施技术的采纳意愿，更多地关注了减施技术的社会、环境等效益，忽略了农户技术采纳的行为决策过程，导致农户实际的接受度不高。化肥减施是手段，农民增效才是目的，农民是肥料施用活动的行为主体，其施肥技术的高低、施肥意愿等主观因素直接决定了肥料施用的实际效果。因此，从农户施肥行为入手研究化肥减施技术效率是十分必要的。

1.3 主要内容与方法

为有效推进化肥的减施增效，我国正在研发或已经取得一批化肥减施增效的新技术，目前业内学者们对农业新技术尤其是化肥减施增效技术的研究主要侧重在技术本身、技术推广的评价指标、评价方法或者影响技术扩散的因素上，还没有对这些新技术的扩散过程、推广模式、接受程度等开展系统的分析研究。从农户角度出发，对农户关于新技术从认知到意愿再到接受采纳整个行为过程的系统研究比较少，还没有形成完整的影响因素、扩散路径和行为效益等系统的研究分析，化肥减施增效技术在全国更广范围内的推广扩散，需要掌握影响农户采纳技术的意愿及采纳行为的影响因素。这也是为化肥减施增效技术的评价、优选和示范、推广提供科学支撑，为农业的化肥减施增效，降低技术使用和推广成本，提高化肥利用率，实现农业稳产高效优质，保护生态环境做出贡献。

1.3.1 研究内容

研究内容主要包括：我国化肥施用的现状及分析国外肥料政策对我国的启示，影响农户采纳化肥减施增效新技术因素的分析，农户采纳化肥减施增效技术的行为效益分析，得出研究结论并据此提出相应的政策建议。

（1）我国化肥施用的现状及分析国外肥料政策对我国的启示

采用时间脉络分析与污染程度分析相结合的方法对我国农业发展现状

与趋势进行研究。一是对我国化肥使用现状进行梳理，发现主要存在三大问题：化肥总体用量较高、化肥的使用效率偏低、化肥的成本收益下降，对国外生态农业发展相对成熟的地区与国家如欧盟、英国、德国、美国、韩国等进行化肥使用政策的分析，进一步吸取该政策的优势，为我国化肥减施增效技术的推广甚至是农业发展政策的制定积累经验。二是以湖北省沙洋县水稻种植示范区为案例，对化肥减施增效技术应用情况、化肥使用情况、生产成本变化、作物产量及经济效益等进行统计分析。

（2）影响农户采纳化肥减施增效新技术因素的分析

由于农业技术评价中含有大量的定性与定量指标，难以进行系统的比较与评价，因此拟采用 Heckman 二阶段模型，分析了农户采纳化肥减施增效技术的意愿对农户家庭农业收入的影响，并引入环境规制作为调节变量，分析了环境规制对农户采纳减施增效技术行为的调节效应。主要步骤如下。①从 Probit 意愿分析来看，以务农为主的农户越容易采纳减施增效技术，农户的种植面积与采纳减施增效技术的意愿具有正向关系，且对农户的收入存在一定程度的正相关影响。②从收入回归分析（OLS）的结果来看，减施增效技术的经济效益普遍偏低，对农户的家庭农业收入影响不大，但农户愿意为了保护生态环境采纳该技术，也希望政府通过有效的方式支持推广该技术。

（3）种植户采纳化肥减施增效技术的行为效益分析

一方面，运用 MOA（Motivation，Opportunity，Ability）理论构建行为绩效分析的理论框架，该理论作为组织心理因素的经典理论，主要用来衡量动机、机会和能力对个人决策行为的影响程度；另一方面，依然运用计划行为对个体行为规范、行为目标及效益进行深入探析。利用 Amos24.0 软件对样本数据进行实证分析，采用最大近似值（ML）法，分析了农户自身能力、抗风险能力、事前准备、行为规范、行为目标、行为效益与农户采纳减施增效技术意愿之间的逻辑关系与影响。首先，依据 MOA 理论对农户的自身能力、抗风险能力和事前准备进行分析；其次，依据计划行为理论对农户的行为规范、行为目标和行为绩效进行分析。结果显示：农户自身能力越强越容易采纳减施技术，但对行为规范和行为效益影响甚微；另外，农户对减施技术的预期过高使得农户的行为目标与行为效益出现不一致性，农户希望政府能够在减施增效技术扩散中给予补助或优惠政策支持。

（4）种植户化肥减施行为意愿与行为选择之间关系的分析

行为受意愿影响，但两者间又存在偏离，这种悖离正是影响农民农业生产行为的关键。农民是肥料最直接的施用者，其施肥行为规范的程度、施肥技术的高低直接关系到肥料的利用效率及对环境造成污染的程度，因此，研究农民施肥行为对治理面源污染是十分必要的。从化肥施用的主体——农民的施肥行为视角入手，以采用化肥减施技术的种植农户为研究对象、运用计划行为理论构建分析框架，借助结构方程模型和 mplus7.0 软件及 WLSMV 方法对调查样本数据进行实证，不仅可以研究多个假设变量，也有效降低了运算过程的复杂性。探析其施肥行为过程及实际施肥行为对肥料效果的影响，通过生产端牵动生态端，规范农户绿色生产行为。

1.3.2　研究方法

（1）文献研究法

利用文献回顾梳理、归纳总结，详细分析国内外化肥减施增效技术方面的研究成果；基于知识图谱理论，将所搜集文献转换成 Citespace 软件格式，绘制相关研究的关键词、作者、机构和期刊等知识图谱；从中提取纳入文献有效数据信息，选择合适效应值进行统计检验与分析，构建荟萃分析（Meta analysis）回归模型，对相关研究进行定量综述，寻找导致其不同结果的原因，完善研究思路，构建理论分析框架。

（2）调查研究法

调查研究法是科学研究中应用非常广泛的一种方法，本研究选取农业基础较好的地区作为基线调研的目标区域，再按照一定的方法抽取调研样本量，通过发放问卷的形式对调查对象的基本情况、化肥使用情况、减肥意愿等方面进行数据搜集，再结合当地县农业局、省农科院等政府部门及科研院所的负责人和相关专家，通过访问、召开座谈会等形式对样本区域的整体情况做更准确的深入了解。

（3）深度访谈法

根据调查问卷提纲在目标区域开展深度访谈，组织人员对化肥减施增效技术项目的相关主体如政府主管部门、项目负责人、基地负责人、项目具体实施者、承担项目研究实施的单位负责人、承担项目实施的农户等逐一进行深度访谈，以便于更加深入地了解当地化肥减施增效技术方面的政策、实践、效果和存在问题及原因。

（4）定量与定性相结合的方法

定性研究是定量研究的基础，定量研究是定性研究更深一步的论证，定性研究与定量研究常配合使用。在环境规制理论和计划行为理论的基础上、结合调研的数据，通过 Heckman 二阶段模型对影响农户采纳化肥减施增效技术因素进行实证分析，用结构方程模型对农户采纳化肥减施增效技术的行为效益进行研究。

（5）案例研究法

按照案例研究的规范和要求，从粮食作物和经济作物两大类中选取水稻和茶叶作为目标，从项目区中农业基础比较好的固定试验基地中选取湖北省沙洋县水稻种植户、江西省渝水区水稻种植户、贵州省湄潭县茶树种植户作为典型案例研究，分析不同区域、不同种植户之间施肥行为的特征和差异。从农户接受意愿的角度来剖析当前我国化肥减施增效技术方面的政策、实践、效果和问题，从中总结成功经验、模式和教训。

1.4　理论与现实意义

我国化肥施用总量以及平均强度均居世界前列，由此引发的生态污染、资源浪费和农产品质量安全问题日益引起重视，已经成为制约农业可持续发展和粮食综合能力提升的重要因素。推广化肥减施增效技术，构建化肥减施增效技术评估指标体系和评估方法，筛选可优先推广的技术模式，可为解决我国化肥减施增效技术应用评估管理瓶颈问题和实现可持续发展提供技术支撑。

从理论上看，围绕"提高化肥利用率，减少化肥用量和协调环境经济社会三效益同增长"的目标，针对化肥减施增效技术在农业生产中的推广进行分析，确立影响化肥减施增效技术扩散的因素并提出解决措施，有利于对农业生产技术做出正确的评估，有利于促进农民耕作方式、施肥方式的转变，对保障农产品质量安全以及保护生态环境具有重要意义；从现实上看，油菜—水稻的种植模式在长江中下游一带分布广泛，沙洋县又是全国农业重点示范县、全国重要的粮油生产基地，耕地面积 80% 以上种植的是单季水稻。选取农业基础较好的沙洋县作为单季稻化肥减施增效技术效果的监测点，推广化肥减施增效的相关技术在示范区的应用，通过树立典型，发挥沙洋县的示范带动作用，有利于化肥减施增效技术在全国的推广应用；同时，先进技术的试验及监测点的建立，有利于调整施肥结构、减少化肥施用量、节约农业经营主体的生产成本，增效技术可以提高化肥利用率、促进水稻增产、增加农民的收益，进而激发他们采用新技术的积极性和持续性，扩大社会影响力，促进减施增效技术的全面推广。

从短期来看，通过应用化肥减施增效技术，可节约农业经营主体的生产成本，增加收益，进而激发其采用新技术的积极性和持续性。从长远来看，化肥减施增效技术的推广应用必将在促进我国化肥施用技术水平的提升、化肥使用效率的提高、减轻对生态环境的污染、促进农产品质量安全等方面具有重大意义。同时还有利于增强全社会对化肥减施、污染防治的关注程度，有利于增强各类经营主体对化肥减施的社会责任感和减施增效技术应用的认同感。

第 2 章

农户施肥行为的研究进展与理论依据

2.1 关于农户行为的梳理

2.1.1 农户行为选择的影响因素

农户是农业生产的主体,也是化肥施用的主要行为者。农户对农业技术的采纳意愿及采纳行为是未来农业技术推广扩散需要着重考虑的问题,也是农业政策制度的重要参考因素。研究农户的化肥施用行为对于解决土壤退化、水体污染、大气污染等农业面源污染问题尤为重要。学术界对农户的农业技术采纳行为影响因素进行了非常广泛的研究,发现影响农户施肥行为的因素主要可以归纳为主观因素和客观因素两大类。主观因素主要是从农户自身的特征出发进行的分析,客观因素主要是指政策激励机制和市场导向等。

(1) 主观因素

农户的因素例如自身素质、年龄、受教育程度、种植面积等都会在不同程度上对农户的技术选择行为产生显著效应(贾丹等,2016;周磊,2012;邓正华,2013),对农户是否采纳新技术有重要影响。研究发现年龄越小、文化程度越高、种植面积越大越有利于农户采纳新技术;相反,年龄大、文化程度较低或经营规模比较小的农户对新技术的接受能力较弱。农户对新技术的采纳过程中存在羊群行为效益(杨唯一,2015)。由于农户的文化程度及实践能力有限,在行为判断上受到周围环境及其他农户行为选择的影响比较大,易出现明显的羊群行为,在行为选择上具有趋同性。其中,经济效益是农户行为选择是否出现羊群行为的首要因素。运用二元 Logit 离散选择模型对调研数据进行农户的技术采纳行为的实证研究,发现年龄、职业、采纳环境等因素显著影响农户的采纳行为(张利国等，2015）。农户的行为选择存在一定的偏好性（常向阳等，2015）。利用选择实验法分析农户采纳技术属性特征的偏好程度发现，农户的技术采纳偏好都存在差异，对技术特征等客观事物的属性特征偏好较强，对农化服务等主观事物属性的特征偏好较弱。

（2）客观因素

农户的施肥行为同样受到外界因素的影响。化肥价格、农产品价格，也是影响农户施肥行为选择及施肥用量的最重要、最直接因素（张红宇，2004）。政府的激励政策同样是影响农户施肥行为的关键因素，例如补贴政策、法律法规、污染者付费政策等，对农户的施肥行为产生比较显著的影响（Lutz and Young，1992）。政府的宣传、农技人员的指导对蔬菜种植户的施肥行为选择最为明显（代云云等，2012），农民对环境的关注程度、农业技术培训程度等都在不同程度上影响着农民的化肥施用行为（张利国，2008）。同时，市场信息也会在很大程度上对农户的施肥行为产生很大影响。尤其是在市场信息不对称的情况下，农民缺乏激励或者约束的条件，会出现施肥过量的生产行为（彦路，2013；纪月清，2016）。此外，当产生地的农业生产经营方式（韩枫等，2016）、种植规模、对土地的预期收入（谢海军等，2006）对农户的采纳意愿也有影响，不同地区间不同的耕作方式对农户采纳新技术的接受程度也不相同，越是农业生产先进的地域越有利于新技术的扩散（韩枫等，2016）。

2.1.2 农户施肥意愿的影响因素

农户的减施行为在一定程度上受减施意愿支配，而影响农户意愿的因素有很多。已有文献一般从农户特征因素、家庭特征因素和环境因素等方面进行研究，农户特征因素主要包括年龄、性别、受教育年限、从事生产的劳动人口数量、户主农业生产年数等；家庭经济因素主要包括家庭收入、经营规模、外出务工时间等；环境因素则主要指政策、信息、自然条件、地理位置等外生因素。刘红江（2015）认为农户减少化肥施用量，能够客观上保证粮食质量安全，促进农业的可持续发展。金书秦（2015）等从面源污染和地力薄弱这两个角度，对减少化肥施用量进行研究，提出有利于减少化肥施用量的技术路径。袁舟航（2015）通过对种植户施肥意愿进行研究，以提高种植户生态保护意识，规范农户施肥行为来减少化肥施用。阿娜尔·阿扎提（2014）和栾江（2016）等认为化肥的施用量跟地理环境对化肥的施用强度有明显关联。仇焕广（2014）认为化肥施用过量会对环境造成污染，化肥施用对生态环境有重要的影响。吕晓等（2020）对山东省 754 户农户的化肥施用认知、减施意愿及其影响因素进行分析，结果表明：受访农民对化肥环境污染认知程度不高，对化肥减施的政策认知不足，化肥减施意愿很弱；在受访农户中，年龄越小，受教育水平越高，对减施政策认知、化肥施用量认知、施用环境效应认知越清晰，农户就越愿意减少化肥施用。李春华（2015）研究了陕西省咸阳市 11 个自然村 379 户农户的化肥施用意愿，结果表明，农户农业产出、教育水平、土地面积等因素显著影响农户化肥施用意愿，而化肥价格与政府的直接补贴对农户施肥意愿影响较小。曹建民等（2005）对农户参加技术培训行为和采用新技术意愿的研究时发现，农户对跟其生活习惯符合的技术接纳程度高，但是，对新技术不是全盘接纳，也不是完全否定，而是表现出接受与修正交替进行的过程。另外在风险认知方面，我国农民普遍心理承受能力较弱，资本积累较低，多数都是风险规避者（陈传波等，2003）。童濛濛等（2019）在研究农户化肥减施技术培训时发现，农户不参与土地流转、使用过有机肥、参加过测土配方施肥技术培训，则越愿意参加化肥农药减施增效技术培训。马祎明（2019）研究绥化市种植户化肥减施意愿发现，对化肥认知程度越高，国家政策越了解，补贴农户化肥减施，技术培训等对农户减施化肥的意愿有显著的影响。齐萌萌（2018）在对山东马铃薯农户清洁生产意愿、行为及其偏差性进行研究时，发现政府需要对政策广泛宣传，努力提升农户对农业生产中清洁生产行为相关技术政策的认识与了解，从而提高农户践行清洁生产的主观能动性。

2.1.3　农户施肥行为的研究进展

国内学者对化肥施用行为研究中，起初主要利用全国统计数据，1984 年，中国农业科学院土肥研究所根据全国化肥统计数据和试验情况，制定了《中国化肥区划》，对化肥用量、种类、比例进行了划分，这对当时化肥的施用起到了很好指导作用；林葆（1995）通过全国统计数据分析化肥投入与粮食增长的关系，得出化肥投入的增加量是粮食产出增加量的将近 10 倍，化肥与有机肥综合施用对粮食增产有极强的促进作用，不少专家利用统计资料研究有机肥资源合理利用对粮食的增产作用，发现加强肥料管理有利于粮食增产（张无敌等，1997）。目前大部分学者的研究集中于农户微观调研数据，借助计量模型研究农户化肥施用的影响因素。进行抽样调查得到农户施肥的第一手资料，了解当地作物的化肥施用情况。马骥等（2006）利用河北省和山东省农户调研数据研究施肥量的影响因素，结果表明化肥的价格、教育程度、家庭非农业收入、土壤质量、种植目的以及农户的风险认知均是影响农户化肥施用量的因素。马骥等（2007）的施肥研究表明，农户对污染的认知、施肥技术指导等均显著影响农户化肥施用。韩洪云等（2011）对山东省枣庄市农户化肥施用的研究表明，农户化肥施用量受耕地面积的影响，土地细碎化程度越强，越不利于降低化肥用量。何浩然等（2006）研究发现农户在用有机肥后，化肥的减量效果不强，但是非农就业会大大提高农户的化肥施用水平，另外农村劳动力非农转移也会更加促进农户化肥施用过量行为。杨万江等（2016）指出通过机械施肥增加施肥深度，会有效减少化肥用量，参加培训和接受农技人员指导也是化肥减量的有效途径；徐卫涛等（2010）在研究中引入了循环农业认知变量，并指出对循环农业的认知程度越高，化肥的减量效果越明显。随着社会经济的不断发展，农村的劳动力就业方式越发地多元化，农户进城务农的机率增加，非农业收入占家庭收入的比重越来越大，劳动力的成本越来越高，所以农户往往施用更多的化肥以替代农业劳动力，从而可以有更多的非农收入（肖阳等，2017）。因此劳动力市场越发达，就业方式越多元化就会刺激农户施肥量的增加。而胡浩等（2015）认为在当前农业劳动力机会成本日益增加的情况下，化肥与劳动力之间的替代关系明显，化肥的过量施用是由劳动力成本所造成的，农产品的价格、化肥等投入品的价格和施肥技术培训对化肥的施用均有显著影响；史常亮等（2016）认为农业劳动力的非农转移、自然灾害和粮食价格对农户过量施化肥有显著的正向影响，适当扩大种植面积，能非常有效地降低施用化肥的过量程度。郭清卉等（2019）则从社会规范的视角来研究农户化肥减施行为，结果发现描述性社会规范和命令性社会规范不仅会直接正向地促进农户对化肥减量化技术的采纳程度，还可以通过个人规范这个中介变量对农户的化肥减量化措施采纳程度间接地发挥正向影响作用。

2.1.4 农户意愿与行为一致性研究

关于行为意愿的一致性分析最早源于学者对消费者陈述偏好与现实选择关系的研究，一些学者基于消费者行为理论研究了消费意愿与消费行为的一致性。豆志杰（2014）研究了消费者对安全农产品消费的意愿与行为，发现有81.27%的消费者表示愿意购买安全农产品，然而，由于受到溢价约束，消费者的购买意愿很少转化为购买行为，消费环境、家庭人口规模、家庭月收入等都对其购买意愿与行为的一致性产生显著影响。张蓓等（2014）运用有序 Logistic 回归模型分析了影响消费者有机蔬菜购买意愿和行为的主要因素，研究结果表明消费者的有机蔬菜购买意愿对购买行为产生正向影响。王建华等（2016）通过对全国 20 个省份的农村居民食品安全调查数据进行分析得出，农村居民消费态度、消费意愿与消费行为之间存在一定差异，主观规范作用、政府监管认证力度不足和相关政策制度的缺失等是造成这种差异的主要原因。上述学者的研究结果表明，尽管大多数消费者对于一类物品有很强的购买意愿，但其购买意愿鲜少转化为购买行为。其中，消费意愿与消费行为出现偏差的原因与消费者的个人特征、家庭特征、认知特征及该消费品的价格优势密切相关。随后，学者们也在不同领域开展了相关研究。陈厚涛（2013）运用计划行为理论研究了退耕农户的生态建设意愿与行为，认为生态建设意愿对生态建设行为有显著的正向影响。Chrisman（2015）通过分析家族参与如何影响创新管理与创新意愿得出，在家族企业中，存在创新意愿与行动的偏差，而矛盾的解决方案推动符合创新意愿的创新行动。许增巍等（2016）对农村生活垃圾集中处理过程中农户的支付意愿与支付行为进行研究发现，部分农户有支付意愿，但由于种种原因最终却没有支付行为，样本中 47.60% 的农户支付意愿与支付行为不一致，农户健康状况、农户年家庭人均纯收入、社会网络等 6 个因素对农户支付意愿与支付行为的一致性产生显著影响。也有许多学者通过研究意愿与行为的悖离来促进二者一致。王格玲等（2013）实证分析了农户小型水利设施合作意愿与合作行为的影响因素，得出愿意参与小型水利设施合作的比例（87%）远高于实际具有合作行为的比例（58%），农户认知、政府投入和农业生产是合作意愿与合作行为产生差异的主要原因。基于 281 个农户的实地调研数据，余威震等（2017）分析了影响农户有机肥技术采纳意愿与行为，研究结果表明，生态环境政策认知、从众心理以及绿色生产重要性认知等因素是造成农户技术采用意愿与行为不一致的主要原因。郭利京等（2018）在研究农户生物农药施用意愿与行为时发现，63.06% 的农户"言行不一"，造成这种差异的主要原因是受个人因素和现实情境因素的共同影响。苏芳等（2011）认为农户参与生态保护和生态服务供给的意愿和行为是一个相对复杂的动态过程，是由农户自身、家庭、社会等内外部因素共同作用的结果。张丙昕（2018）构建 double hurdle 模型，以河南省 320 户农户为研究对象，对农户有机肥施用意愿的影响因素及农户有机肥施用行为与意愿悖离的影响因素进行实证分析，得出兼业化会导致农户有机肥施用行为与意愿产生悖离。杨娜（2019）利用黄土高原地区陕北安塞区 334 户农户的调查数据，运用二元 Logit 模型在研究农户退耕成果维护意愿影响因素的基础上，进一步研究农户退耕成果维护意愿与行为一致性的影响因素，发现农户退耕成果维护意愿与维护行为之间存在较大差异，农户具有较高的退耕成果维护意愿，但样本中 65.44% 的农户表现出维护意愿与维护行为不一致。魏莉丽（2018）用调查问卷的形式对湖北沙洋县 505 户水稻种植农户的实地调研，通过对调研数据的整理分析，并引入环境规制作为调节变量，用 Heckman 二阶段模型分析农户采纳减施增效技术的意愿和减施增效技术对农户家庭农业收入的影响，发现农户自身的素质对提高农户的抗风险能力、事前准备及行为规范作用显著，由于农户对预期目标过高，使得农户行为效益与行为目标不一致。

2.2 理论依据

研究绿色生态农业的理论主要有可持续发展理论（Sustainable Development Theory）和环境规制理论，研究农民行为的理论主要有计划行为理论（Theory of Planned Behavior，TPB）（Ajzen，1991）、MOA 理论（Freel，2005）、理性行为理论（Fishbein，1975）和保护动机理论（Rogers，1975），但行为决策的中心理论是计划行为理论（TPB）。

2.2.1 可持续发展理论

可持续发展理论是指既满足当代人的需要，又不对后代人满足其需要的能力构成危害的发展，以公平性、持续性、共同性为三大基本原则。在具体内容方面，可持续发展涉及可持续经济、可持续生态和可持续社会三方面的协调统一，要求人类在发展中讲究经济效率、关注生态和谐和追求社会公平，最终达到人的全面发展。人类的需求欲望与地球的供给能力存在着"环境悖论"（Williams and Millington，2004），即供需不匹配的情况，所以可持续性观念源远流长（Mebratu，1998），早在 18、19 世纪欧洲的哲学家们就开始关注环境保护与经济发展之间的协调问题（Lumley and Armstrong，2004）。第一位预见资源短缺限制经济发展的学者是 Malthus，他与 David Ricardo 共同提出了"环境限制思想"（Pearce，1990）。学术界广泛公认的官方内涵是 WCED 在 1987 年发表的《我们共同的未来》的报告中提出来的"可持续发展"概念，也成为了当前争论的起点。学者对可持续发展理论研究的侧重点不同也形成了不同流派的观点，目前学术界对可持续发展理论内涵的界定主要有：Redcliff 在 1987 年等提出的"真理论"、O'Riordan 在 1985 年提出的"概念论"、Holmberg 在 1992 年提出的"发展论"。由于社会环境、经济条件、利益纠葛等相关因素的影响，使得不同国家之间对可持续发展战略的意识形态及作用功能互不相同（Spangenberg，2011）。但是，Jenkins 提出用可持续发展理论解决生态环境的一系列问题离不开各部门、各区域之间的相互配合（Jenkins，2003）。

随着对可持续发展研究的不断深入，学术界掀起一场思想解放浪潮，学者们对可持续理论的研究越来越激烈，这也是对人类与自然关系研究的一次新觉醒。生态学家着重从自然方面把握可持续发展，理解可持续发展是不超越环境系统更新能力的人类社会的发展；经济学家着重从经济方面把握可持续发展，理解可持续发展是在保持自然资源质量和其持久供应能力的前提下，使经济增长的净利益增加到最大限度；社会学家从社会角度把握可持续发展，理解可持续发展是在不超出维持生态系统涵容能力的情况下，尽可能地改善人类的生活品质；科技工作者则更多地从技术角度把握可持续发展，把可持续发展理解为是建立极少产生废弃物和污染物的绿色工艺或技术系统。

2.2.2　环境规制理论

学者们对环境规制理论研究开始比较早，经过长时间的理论研究，环境规制观点也在不断更新完善。理论最初是政府直接利用一种非市场化的手段对环境资源的利用进行宏观调控的一项措施，随着环境规制功能效果的不断显化及经济刺激手段如环境税、政府补贴等的出现，学术界又进一步对环境规制理论的内涵进行修正和完善，将经济手段、行政法规、市场机制等纳入环境规制理论中，政府对环境资源的利用渐变成直接与间接调控（彭图图，2012）。此时，环境规制的制定和执行主体得以扩大，除了政府之外，产业协会和企业等也参与进来。20 世纪末，学者们再次对环境规制理论的内涵进行了再次的完善，在命令控制型环境规制、以市场导向型刺激机制的基础上，采纳了环境认证、生态标签等之后，又添加了非正式环境规制。传统的环境规制观点认为环境规制不利于经济的发展。当政府或企业采取措施来减低生产过程对环境的污染时，会增加投入成本，在产出没有变化的情况下，企业的利润是减少的。随着社会的发展及科研认知的提升，人们逐渐平衡了环境利益与发生成本之间的关系。认识到好的经济绩效是借助技术创新来实现环境目标后获得的，要采纳一些新的和更为有效的降污技术。在现代环境规制经济学中，占据主要地位的观点是"环境规制与企业竞争力"两者之间能够实现双赢（张红凤和张细松，2013）。目前环境规制主要分为两大类：一类是见效快、可靠性强但高成本、低效率的命令控制型规制政策，由于该政策可以在大范围推行清洁生产和环境管理等相关方面的系列标准，也将原来只注重环境污染治理的政策内容调整成以资源环境的综合治理为主线的政策；另一类是多激励、明确责任但非正式、见效慢的市场激励型规制政策。该政策在明确企业的排污治污责任权的基础上，激励市场企业主动节能减排、积极探索技术革新道路，把排污控制在环境容量和环境净化能力的安全临界点之内。

从规范意义方面来看，环境规制是政府在面对市场机制背景下，为了解决微观经济主体活动所产生的负外部效应而采取的一种补充措施，该措施对经济的发展必然会产生宏观和微观两个层面的作用。其微观效应主要是通过作用于市场微观经济主体产生，主要体现在"环境规制与企业竞争力双赢"上。环境规制在微观领域对企业产生的效益，将通过作用于产业机构和外向型经济等媒介传递到宏观经济领域，从而产生宏观效应。随着社会的发展，非正式型环境规制的运用和实践将在更广阔的领域得到发展。

2.2.3　MOA 理论

MOA 理论是行为组织理论中探讨心理因素的经典理论。MOA 理论认为动机、机会、能力对个体的行为决策具有显著影响（Freel，2005）。由于农业种植农户作为化肥减施增效技术采纳行为的决策者，其行为规范在一定程度上会受到自身素质、抗风险能力和事前准备的驱动，即自身素质、抗风险能力和事前准备会在一定程度上对农户的行为规范产生影响；行为规范可以引导农户树立正确的行为目标，对采纳化肥减施增效技术行为效益产生显著效应。因此，本书根据 MOA 理论，吸纳了农户的抗风险能力和事前准备，构建水稻种植农户采纳化肥减施增效技术行为效益的分析框架，再逐一分析农户自身素质、抗风险能力、事前准备对农户采纳化肥减施增效技术行为效益的影响。农户自身素质如文化程度、工作经验等越丰富越有利于提高化肥减施增效技术的利用效率；事前准备如肥料种类选择、施肥计划等越充分越有利于化肥减施增效技术的采纳；农户抗风险能力如主要收入来源等提升也为农户采纳化肥减施增效技术多提供一份保障。同时农户的自身素质、抗风险能力和事前准备之间也存在一定的交互作用，自身素质对抗风险能力、事前准备和行为规范有正向影响（图 2-1）。

图 2-1　MOA 模型的一般形式

（1）动机

动机是个体能动性的一个主要方面，能推动个体产生某种活动，使个体从静止状态转向活动状态，同时它还能将行为指向一定的对象或目标。动机是引发行为的重要因素，也是行为研究中最经常被提及的概念。个体活动由动机激发而产生后，能否坚持活动同样受到动机的调节和支配，动机不能被直接观察到，只能根据刺激情境和行为反应去推测。只有对隐藏在个体行为背后的原因有科学的了解，人们才能更有效地理解人的外显行为。

（2）机会

机会反映的是一种情况有助于实现理想结果的程度，比如可利用的时间、关注、干扰的数量、可重复利用的次数等每一个因素都可以有助于或者阻碍理想的结果（Argote 等，2003）。因此，机会可以被视为可用性的积极方面，比如因为创造有利的情境而提供了便利条件，或者降低有效的个体行动的资金成本，它还可以被视为情境因素的消极方面，使机会变得更复杂更困难。

（3）能力

能力是指作为主体的人所具有的，在一定的社会关系中从事对象性活动的内在可能性。能力的大小决定了个人能够完成活动的程度。能力是一个抽象的概念，需要经过一定形式的外化，才能得以体现。能力是通过对特定知识和技能的掌握表现出来的。

动机是激发行动的内在原因和直接动力，能力是指直接影响人们完成活动质量和数量水平的内在可能性，机会是主体对激发行为的客观环境中有效成分的认知，动机、机会和能力之间的相互作用推动了行为的发生。它们之中的任何一个都与行为之间存在着密切的关联。

2.2.4 计划行为理论

计划行为理论认为，人的行为是经过深思熟虑的计划的结果，能够帮助我们理解人是如何改变自己的行为模式的。由 Ajzen 在 1991 年提出的，是 Ajzen 和 Fishbein 在 1980 年共同提出的理性行为理论（Theory of Reasoned Action，TRA）的继承者（王静和傅灵菲等，2011），理性行为理论又译作"理性行动理论"，主要用于分析态度如何有意识地影响个体行为，关注基于认知信息的态度形成过程，其基本假设是认为人是理性的，在做出某一行为前会综合各种信息来考虑自身行为的意义和后果。理性行为理论假设行为是由行为意向（Behavior Intention，BI）决定（徐祎飞等，2012）。Ajzen 等将理性行为理论加以延伸，他主张行为倾向态度（Attitude Towards the Behavior，ATT）与主观规范（Subjective Norm，SN）是决定行为意向的最主要因素，提出计划行为理论，以解释并预测个体行为（王静等，2011）。1985 年 Ajzen 在原来的基础上，加入行为控制认知（Perceived Behavior Control，PBC）因素，认为个体对某项行为的倾向态度、主观规范和行为控制认知三项因素共同决定其行为意向，从而发展成为新的行为理论研究模式——计划行为理论。因此，计划行为理论是一个三阶段行为分析模型：第一阶段，行为由个体的行为意向决定；第二阶段，行为意向由行为的倾向态度、主观规范和行为控制认知三方面决定；第三阶段，行为倾向态度、主观规范和认知行为控制由外生变量决定。外生变量包括人格特质、对事物信念、工作特性和情境因素等（图 2-2）。

Ajzen 认为，所有可能影响行为的因素都是经过行为意向来间接影响行为的表现，而行为意向受到三项相关因素的影响。一般而言，个人对于某项行为的态度越正向时，则个人的行为意向越强；对于某项行为的主观规范越正向时，则个人的行为意向越强；而当态度与主观规范越正向且直觉行为控制越强的话，则个人的行为意向也会越强。反过来行为理论的基本假设，Ajzen 主张将个人对行为的意志控制力视为一个连续体，一端是完全在抑制控制之下的行为，另一端则是完全不在意志控制之下的行为。而人类的大部分行为落于此两个极端之间的某一点。因此，需要预测不完全在意志控制之下的行为，有必要增加行为知觉控制这个变项。不过当个人对行为的控制越接近最强的程度，或者是控制问题并非是个人所考量的因素时，则计划行为理论的预测效果是与理性行为理论相近的。

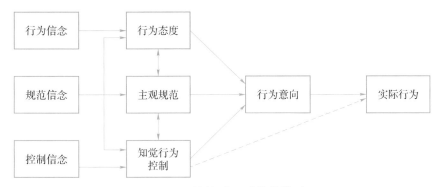

图 2-2　计划行为理论结构模型

第 3 章
我国农业生产化肥施用现状

　　我国是农业大国，肥料特别是氮肥的施用量很大，对生态环境造成的负面影响日趋加大（黄绍敏，2000；吕耀等，2000；司友斌，2000；曹志鸿，2003）。有关研究发现，我国农田约有 70% 的氮素是损失掉了，只有少部分存留在土壤中被作物吸收利用（周顺利等，2001），平均每年所施用的化肥氮素超过 $2\,000 \times 10^4$ t，损失约 900×10^4 t，按常规含氮量 46% 的尿素每吨 $1\,500$ 元计算，每年仅氮素损失就将近 300 亿元（毛端明等，1993；巨晓棠等，2003）。我国全年水土流失带走的养分含量相当于全国一年的化肥施用总量（王胜佳等 1997；李世清等，2000）。所以摆在人们面前的主要问题是：中国是否到了进行结构性协调农业政策与环境保护的阶段？以及实现这种转型会面临哪些重大风险？深入分析和总结世界上不同国家转型过程中的经验及教训，探讨中国未来农业的转型思路，并在此基础上，深入分析化肥的合理调控路线和措施，可以为未来我国的农业顺利转型和稳定持续发展提供科学支撑。

3.1 化肥使用量的变化

3.1.1 化肥消费总量的变化

　　化肥概念的界定有广义和狭义之分。广义上的化肥是指用于其他途径但主要用于作物营养的所有化学合成养分载体，狭义的化肥是指为大田农作物提供养分的化肥。

（1）国际化肥施用量的特征

　　从世界范围来看，化肥生产的主要地区分布在亚洲的东部、南部，美洲的北部，欧洲的东部，这些地区占据了化肥生产总量的 90% 以上，又以中国、印度、美国、俄罗斯等国家作为化肥生产的典型代表。对于化肥的消费规模，到 2014 年世界化肥的消费总量已高速增长至 3.09 亿 t，相比于 2002 年消费总量的增幅为 56.7%。各大洲消费量的变化也颇具特点：亚洲地区增量最大，2014 年相比于 2002 年的消费量提高 5 186 万 t，增幅为 61.6%；南美洲地区增速最快，2014 年消费量是 2002 年的 113.4%，平均增速达到 8.7%；其次在非洲地区，相比于 12 年前，2014 年增速第二为 79.8%，平均 6.14%；增长最慢的地区则在欧洲，均值增速仅为 1.83%。化肥的主要消费行为大多是分布在重要的农业产区以及人口密度较高的国家，2014 年化肥的主要消费地区分布在亚洲和美洲，这二者的化肥消费量占据了世界总量的 70% 以上，例如东亚的中国、南亚的印度、东南亚的印度尼西亚和越南等国是传统小农经济的农业发展模式，而地处北美洲的美国是现代化商品化的现代农业发展。总的来说世界化肥消费总量还会继续保持增长的趋势，但是近些年的数据表明增长速率已经变缓，总体形势为大基数小增速的温和发展。亚洲、南美洲、非洲地区的众多发展中国家受制于人口数量增加、粮食短缺、生产技术水平落后等因素的影响，未来很长一段时间对于化肥的消费总量还将保持上升趋势，作为促进世界化肥消费总量进一步增加的主要推动力，尤其是非洲、南美洲地区当中那些化肥消费增幅较大的发展中国家，化肥消费市场的进一步发展仍有巨大潜力。

从时间节点分析，韩国大约在 1994 年人均 GDP 超过 10 275.3 美元，日本是在 1992 年人均 GDP 超过 31013.6 美元，但均受到 1991 年国际农业和环境会议发表的《登博斯宣言》的影响。中国 2013 年人均 GDP 达到了 6 807.4 美元，在世界局势快速转变以及《登博斯宣言》发表 22 年之际，启动环保型农业政策转型已到了抉择时刻；从农业污染程度来看，经过近 30 年的快速工业化发展，我国农业事实上已进入高污染和高风险阶段。全国化肥的单位耕地面积使用量均高出美国 2～4 倍，部分地区地下水硝酸盐污染超标达 60% 以上，远超过其他国家的污染水平。对中国这样一个人口多土地少的国度，农业工业化发展的后果就是土地要承受更多的污染压力，因此必须早做调整；从农业的生产功能来看，实施环保型农业并不意味着粮食的减产和歉收。世界主要国家如美国、澳大利亚、日本等并未因环保政策的实施而出现粮食的减产，相反由于全面实施环保型农业，一方面这些先行国家充分借助世界贸易自由化以较低的成本获得了部分食物产品，另一方面则通过环保政策或绿箱政策回避了许多来自 WTO 的贸易壁垒，并顺利实现了农业从不可持续向可持续的历史性转变。

(2) 我国化肥使用量的特征

从我国国情来说，为了满足规模持续扩大的人口对于粮食的基本需求以及人民群众日渐富足的生活对于蔬菜水果畜产品等高附加值农产品的消费需求，中国政府从 20 世纪 80 年代以来，制定并执行了关于促进合成肥料（化肥）方面发展的一整套成体系的政策，以供给与需求两端为出发点和落脚点，以期增加其行业产量和消费总量。经过了三四十年的持续发展，到如今中国已成为世界上化肥生产和消费规模最大的国家。从表 3-1 可以看出，近 20 年来中国化肥表观消费量明显增长，从"九五"时期平均 3 648 万 t 增长至"十二五"时期平均 6 050 万 t，增长了将近 2 400 万 t，年平均增长约 160 万 t；但是，20 年中的后十年与前十年相比，增长幅度下降了 105 万 t；从农业用量来看，为了养活十几亿人口，农业集约化生产方式不断发展，前十年，农业化肥用量呈现大幅度增长，后十年开始重视资源的高效、环境安全，农用化肥增长幅度明显小于前十年，增长幅度降低了 31%（张卫峰和张福锁，2016）。

表 3-1　近 20 年来中国肥料消费总量变化

单位：万 t（氮肥＋磷肥＋钾肥）

年份	生产量	进口量	出口量	表观消费量	工业用量	农业用量
1996—2000	2 900±189	826±107	79±23	3 648±87	82±19	3 565±73
2001—2005	4 006±611	731±109	196±29	4 541±109	221±23	4 319±90
2006—2010	5 275±319	448±89	472±27	5 251±335	497±28	4 754±311
2011—2015	6 574±472	508±93	1 033±58	9 050±330	775±27	5 274±306

注：数据为各个时期的平均值 ± 标准值。
数据来源：生产量和工业用量数据来源于中国工业协会（中国氮肥工业协会、中国磷复合肥工业协会、中国无机盐工业协会钾盐钾肥行业分会），进口量和出口量数据来源于中国化工信息中心；农业用量＝表观消费量－工业用量，因此此处农业用量包含种植业和林木渔业化肥用量。

　　从整体来看，我国化肥的生产总量和消费总量基数大、且持续增长。"十二五"明确提出调整化肥使用结构和转型升级之后，化肥的消费量增速显著低于"十一五"期间，而且消费结构变化较大，在农业用肥领域，主要粮食作物化肥用量基本稳定（张卫峰和张福锁，2016）。

3.1.2　不同作物施肥量的变化

（1）水稻

　　根据 FAO 官方统计数据（FAO，2016）2013 年全国稻谷产量 7.39 亿 t，中国稻谷产量 2.05 亿 t，占全球产量的 28%，居世界第一位；中国稻谷单产 6.87 t/hm²，高出世界平均水平 49%，单产水平居全球第十四位，达到全球单产最高产量国家（澳大利亚：10.2 t/hm²）的 66%。全球稻谷收获面积 1.64 亿 hm²，中国稻谷收获面积将近 0.31 亿 hm²，占全球收获面积的 19%，仅次于印度，居世界第二位。稻谷是我国的主粮，近 20 年来，我国水稻单位面积氮肥用量在缓慢下降，磷肥和钾肥用量呈增长趋势（表 3-2）。水稻平均施肥水平的变化与水稻生产区域格局演变有关。我国水稻生产布局已由传统的"南方稻作区"向"北兴南衰"的水稻生产布局趋势变化（徐萌和展进涛，2010）。东北寒地水稻氮肥用量远远低于南方水稻，从而拉低了我国氮肥施肥水平。随着单位面积用量、施肥比例以及播种面积三个指标的综合变化，水稻的化肥用量出现不同的变化规律，其中氮肥的总用量在逐渐下降，磷肥和钾肥的总用量在不断地增加。

表 3-2　近 20 年来中国稻谷施肥量变化

年份	播种面积（千 hm²）	单产（kg/hm²）	单位面积化肥用量（kg/hm²）			施肥比例（%）			化肥总用量（万 t）		
			氮	磷	钾	氮	磷	钾	氮	磷	钾
1996—2000	31 126	6 678	236	54	43	0.8	0.91	0.5	588	152	60
2001—2005	28 150	6 827	224	57	48	0.9	0.91	0.6	568	145	74
2006—2010	29 320	7 273	212	59	64	0.8	0.9	0.7	498	156	121
2011—2015	30 206	7 688	200	66	77	0.8	0.9	0.8	483	179	175

注：化肥总用量 = 单位面积用量 × 播种面积 × 施肥面积比例，单位面积用量数据来源于国家发改委《农产品成本收益资料汇编》，播种面积数据来源于国家统计局统计年鉴，施肥面积比例根据农户调研数据推算。

（2）茶树

茶树是一种多年生常绿木本植物，是一年可多次采收的芽用经济作物，主要以幼嫩的新梢、嫩叶、嫩梢为采摘目标。茶叶是世界三大饮品之一。据统计，全世界有 60 余个国家和地区进行茶叶的生产活动。2013 年我国 17 个省（市、区）中的茶园面积达 258 万 hm²。据国际茶叶委员会、联合国粮农组织的统计结果显示，2014 年世界茶叶种植面积 437 万 hm²、年产量 517 万 t，我国茶叶种植面积达到 265 万 hm²，已占世界茶叶总种植面积的 60.6%，产量超过世界产出总额的 40%，面积和产量均为世界第一。根据国家茶叶产业技术体系的数据，2015 年我国茶园面积 287.7 万 hm^2，茶叶总产量 227.8 万 t，全国 20 个省（市、区）900 多个县，具有超过 7 万家的茶叶生产加工企业，茶叶行业的相关人员高达 8 000 万人，茶叶综合产值达 30 781 亿元。茶叶行业的产值巨大，制茶饮茶人员众多，是各地重要的经济作物，在我国农业产业结构中占有极为重要的地位，发展茶叶生产对增加农民收入和促进农村社会经济发展具有重要作用。施肥对茶叶增产的贡献率为 41%，已远超土壤 25% 和劳动力 8% 的贡献率。茶叶产量与施肥量二者之间作用关系基本可用二次抛物线方程来解释，初期茶叶产量会因为施肥量的增加而上升，但随着施肥量持续增加，超过某一临界点后茶叶产量不再增加，反而会降低茶叶产量。然而，当前茶叶施肥方式的科学化程度普遍存在滞后情况，不同地区的茶园土壤构成成分不清且养分状况不明，在具体的施肥实践中存在诸多问题：重化肥轻有机肥、重氮肥轻磷钾肥、重基肥轻追肥、过量施肥、施用单一氮肥等诸多不科学不合理的施肥方式仍然存在于茶叶生产过程当中，盲目施肥问题较突出，科学施肥试验研究相对较少，试验不足导致积累的数据和资料对于粮食作物和其他经济作物的研究存在大量空缺，测土配方施肥和精准施肥技术推广范围有限应用不足。

目前我国茶园施肥主要呈现施肥总量供过于求、结构不合理、土壤酸化等问题。一是化肥用量超茶叶需求。多年来，茶园化肥施用过量的问题突出，初步统计中国有 30%～50% 的茶园氮肥或磷钾肥施用过量。以浙江省茶园为例，浙江地区高施肥区茶园氮、磷、钾总投入量约为 1 820 kg/hm^2，远远超过茶叶生长所需要的化肥量；二是养分施用比例不够合理。之前茶园施肥主要以氮肥、尿素等无机肥为主，并且没有根据不同土壤、不同茶叶来控制不同化肥的施用比例。近年来，无机肥、专用肥等投入使用对化肥的养分比例有所改善，但有机肥等的施用比例仍旧不高，化肥依旧施肥过多；三是茶园土壤酸化严重，茶叶产量与品质下降。化肥超量施用造成茶园土壤理化性质降低，使土壤板结、酸化、盐渍化等，养分淋失量大，土壤肥力减弱，有机质含量相对偏低，进而氮、磷、钾比例失衡，硼、镁、锌等中微量营养元素缺乏。一系列的土壤反应在一定程度上使茶叶产量与品质下降。

3.2　我国化肥施用存在的问题

3.2.1　化肥用量水平偏高

我国人口基数大且新增人口多的基本国情造成我国的粮食需求在不断上涨。与此同时我国存在着人均耕地面积小的人多地少矛盾，为保障我国的粮食安全，基于现实生产条件要求我国采用各种农业科学技术以提高粮食单产，保证我国的农作物优质高产。从国际化肥工业协会统计数据得知，目前我国化肥消费量占世界的 1/3 以上，氮磷钾化肥消费量中，氮磷肥料占世界消费总量的 1/3 左右，钾肥相对较低，约占据 1/5。我国国家统计局的资料表明，在 2016 年我国农业生产的肥料用量接近 6 000 万 t，分别是较 1985 年增长近 4 倍，较 1995 年增长 1.7 倍，较 2005 年增长 1.3 倍。具体使用量为：氮肥 2 000 万 t、磷肥 800 万 t、钾肥 600 余万 t，复合肥也增长至 2 100 余万 t。从施用总量变化趋势来看：钾肥、复合肥增长较快，复合肥增长最快，磷肥增长量较小，氮肥施用量波动不大。农业部 2014 年调查了 339 个国家级基层肥料零售网点农户施肥结果，在应用到具体生产活动的各类肥料中，施用数量最多、规模最大的品种仍是氮肥。我国的部分省份出现化肥施用水平更高的现象，具体来说存在于我国东部、北部、中南地区，并且随着我国的经济进一步发展以及我国农业种植结构调整变化，此类区域化肥使用水平偏高的问题反而更加严峻。2014 年全国农户施肥情况的调查结果显示，华东、华北、华中地区化肥使用量远远高于全国平均水平，三类主要肥料氮、磷、钾肥的使用量均比较高。

中国化肥施用量自 1984 年首次超过美国以后，连续 20 多年来成为世界化肥施用量最大的国家。过量施肥不仅限制了肥料利用率（目前低于 30%）的提高，还造成了严重的农业面源污染。我国氮肥消费量占世界化肥消费总量的 32%，其中有 19% 是施在稻田中（Heffer，2009）。我国水稻氮肥的平均施用量为 190 kg/km^2，超出世界平均施氮水平 90%（彭少兵等，2002）。2016 年，全国农用耕地面积 13492.1 万 hm^2，化肥使用量已达到 5 984.1 万 t（折纯），其中氮肥 2 310.5 万 t（折纯），占 36.81%，单位播种面积平均施肥量也高达 443.53 kg/hm^2（中国农村统计年鉴，2019），远超过欧美发达国家公认的 225 kg/hm^2 的环境安全上限。

3.2.2 肥料利用效率偏低

肥料回收利用率是反映单位肥料投入被作物吸收的数量，实际测算中根据［（施肥区产量 × 单位产量 × 作物地上部分养分含量）-（不施肥区域产量 × 单位产量 × 作物地上部分养分含量）］÷ 肥料利用所得。理论上肥料利用率是与土壤、肥料、施肥方法和作物特性有关的。虽然水稻的单产水平比较高，但是氮肥生产力仅为 34 kg/km² （彭少兵等，2002），有超过 65% 的化肥深入到环境中（郭俊婷，2016），效率低下的化肥使用效率不仅导致大量的氮肥挥发到大气、土壤和水体中，造成资源的浪费，还给生态环境带来了严重污染（表 3-3）。

化肥的污染问题其实质还是化肥过量、不合理的使用问题，化肥施用效率不高的情况下农户为了追求高产量只能不断增加化肥的施用量，忽略了挥发浪费掉的化肥给环境造成的污染。减施增效技术主要解决的就是化肥利用效率问题，在提高化肥使用效率的基础上降低化肥的施用量。只有提高水稻生长的吸收效率和养分利用效率，才能减少化肥的用量，减轻对生态环境的污染压力。

表 3-3　2001—2015 年中国水稻肥料回收利用率

年份	肥料回收利用率（%）			数据来源
	氮肥	磷肥	钾肥	
2001—2005	28.3	13.1	32.4	张福锁等，2008
2005—2009	32.5	22	37.5	文献数据汇总
2009—2015	34.9	24.6	41.1	农业部测土配方肥专家组
2015		35.2		农业部测土配方肥专家组

数据来源：相关文献中数据整理及农业部测土配方肥专家组测量分析数据库。

3.2.3 化肥成本收益持续降低

2016 年稻谷亩单产下降 0.6%，从生产者价格来看水稻价格比去年下降 1.2%、亩均化肥投入费用基本与上一年持平。在化肥投入结构中，复合肥投入费用占比提高，亩均稻谷复合肥投入费用占化肥投入费用的比重为 72.4%，比往年提高 3.2 个百分点。2016 年全国稻谷亩均收益为 1 367.1 元，下降 1.6%，扣除生产投入费用，稻谷亩均收益为 901.4，下降 4.8%（张卫峰和张福锁，2016）。化肥投入增加的同时水稻收入在持续减少，这也促使国家不断调整施肥方式和施肥结构以增加农民收入。

实质上化肥的不合理使用仅仅是现代农业发展过程中的一个现象，是否控制化肥涉及农业产业是否需要转型以及可持续农业如何实践这样一个主题。安宁（2015）通过水稻主产区的 403 个农民田块的田间试验的研究表明，最佳作物管理技术可以实现在增产的基础上同时减少氮肥施用量（Redcliffe，1987）。最佳作物管理技术处理的氮肥平均施用量为 162.7 kg/km²，比农民传统处理减少氮肥量 41.4 kg/km²，减少率为 20.3%，氮肥偏生产力、农学利用率和氮肥回收利用率分别增加 36.2、75 和 13.6 个百分点（安宁等，2015）。

3.3　化肥减施技术领域的学科态势

以水稻、茶园等相关的化肥减施增效技术为主题，分别在 Web of Science 核心合集数据库和中国知网数据库（CNKI）中，利用一个具有强大分析功能的文本挖掘软件 Derwent Data Analyzer（DDA）进行检索，以便对文本数据进行多角度的数据挖掘和可视化的全景分析。本研究使用了 DDA 软件对全球农业面源污染领域全部文献数据进行清洗、统计和分析，分析了包括发文总体年代趋势在内的内容。以全球水稻、茶园的化肥减施增效领域外文和中文文献数据为基础，利用文献计量法对该领域国内外发展现状进行分析，对该领域研究的整体发展趋势、主要发文国家地区、重点研究机构等内容进行了深入分析。有助于科研人员客观、全面了解全球水稻化肥减施增效发展现状，为我国水稻化肥减施增效的发展提供情报支撑。

3.3.1　水稻领域的研究态势

（1）全球相关文献发文趋势

全球水稻化肥减施增效领域外文文献发文年代趋势如图 3-1 所示，由图可见，2011—2020 年全球水稻化肥减施增效领域产出外文文献 541 篇，2016 年之前水稻化肥减施增效相关文献年度发文量不超过 107 篇，年均发文量在 21 篇左右；2016 年及以后，全球水稻化肥减施增效领域发文量整体呈现上升态势。相较全球的发文趋势，中国作者在水稻化肥减施增效领域的研究成果占主要地位，2018 年之前水稻化肥减施增效相关文献年度发文量为 110 篇，年均发文量在 16 篇左右；2018 年及之后的年发文量逐渐稳步上升，2020 年发文量上升到顶峰。2011—2020 年中文作者共发表全球水稻化肥减施增效领域外文文献 256 篇（约占 57%），可以看得出在该领域的研究产出，我国是全球产出的主力军，并且在继续深入发展。

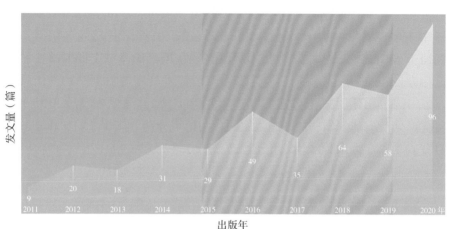

图 3-1　全球水稻化肥减施增效领域外文文献发文年代趋势

全球水稻化肥减施增效相关的外文文献所属的学科类型分布如图 3-2 所示，由图可见，农学（253 篇）、环境生态科学（183 篇）、植物学（59 篇）、科技类其他学科（51 篇）是发文最集中的学科，还有工程学（28 篇）、水资源（26 篇）、化学（20 篇）等学科发文量也较多。可见农业面源污染多涉及农学、环境生态科学、植物学等学科。同时，图 3-3 显示许多文献分布于多学科和跨学科应用的领域，说明农水稻化肥减施增效研究是一门综合性、交叉性的科学问题，所需的理论知识和技术不仅局限于单一学科，这也是科学未来发展的方向，应引起注意。

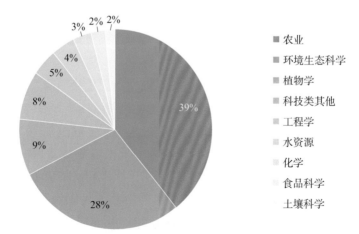

图 3-2　全球水稻化肥减施增效领域外文文献学科类型分布

（2）中国文献年度发文趋势

图 3-3 展示了中国水稻化肥减施增效领域中文文献发文年代趋势，由图可见，2011—2020 年我国共发表该领域相关论文 540 篇。2011 年发表论文 9 篇，随着科学研究的发展，此后的发文量总体呈稳步增长趋势，2020 年发文量 133 篇，为我国水稻化肥减施增效领域发文的最高峰，相信该趋势会继续保持。

中国水稻化肥减施增效领域中文文献的学科类型分布如图 3-4 所示，由图可见，我国水稻化肥减施增效领域的论文大部分属于农业科技，共有论文 486 篇；其次是环境与生态科学，发文 42 篇，可见我国水稻化肥减施增效主要涉及农业科技、环境与生态科学等方面的研究。

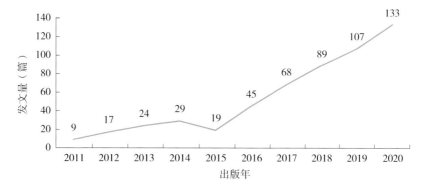

图 3-3　中国水稻化肥减施增效领域中文文献年度发文量

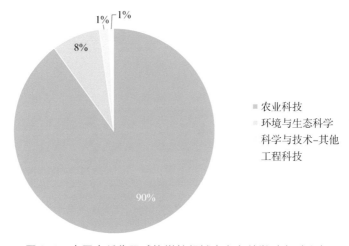

图 3-4　中国水稻化肥减施增效领域中文文献学科类型分布

(3) 总结

2011—2020 年全球水稻化肥减施增效领域产出外文文献 541 篇，2016 年之前水稻化肥减施增效相关文献年度发文量不超过 107 篇，年均发文量在 21 篇左右；2016 年及以后，全球水稻化肥减施增效领域发文量整体呈现上升态势。相较全球的发文趋势，中国作者在水稻化肥减施增效领域的研究成果占主要地位，2018 年之前，水稻化肥减施增效相关文献年度发文量为 110 篇，年均发文量在 16 篇左右；2018 年及之后的年发文量逐渐稳步上升，2020 年发文量上升到顶峰。2011—2020 年中文作者共发表全球水稻化肥减施增效领域外文文献 256 篇（约占 57%），可以看出在该领域的研究产出，我国是全球产出的主力军，并且在继续深入发展。

3.3.2　茶园领域的研究态势

(1) 全球相关文献发文趋势

全球茶叶化肥减施增效技术外文文献发文年代趋势如图 3-5 所示，由图可见，1995 年至 2021 年 6 月 16 日，全球茶叶化肥减施增效技术领域产出外文文献 708 篇，年发文呈现逐年增长趋势，2016 年相较于 2015 年发文量下滑，2016 年之后相关领域发文增长速度提升，2020 年发文为 66 篇。在全球发文量中，中国作者产出文献量为 245 篇，占比 34.6%，整体也呈现增长趋势，目前是全球茶叶化肥减施增效技术领域发文最多的国家。从研究产出来看，我国研究人员在该领域投入较大，研究较广，产出较高。

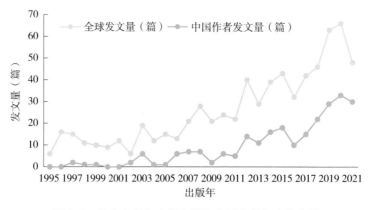

图 3-5　外文文献年度发文量和中国作者年度发文量

全球茶叶化肥减施增效技术外文文献所属的学科类型分布如图 3-6 所示，由图可见，环境科学（158 篇）、土壤科学（153 篇）、农学（131 篇）、

植物科学（131 篇）、农学－多学科（75 篇）、食品科技（63 篇）化学－应
用（36 篇）等。其中环境科学、土壤科学、农学与植物科学占全部学科分
类文献达 49.3%，是发文较为集中学科。另外，文献所属学科还包括园艺
学、化学等，可见茶叶化肥减施增效技术涉及环境、土壤、农业、化学等
多个学科与跨学科应用领域，是一门综合性、交叉性的科学问题，所需的
理论知识和技术不仅局限于单一学科。

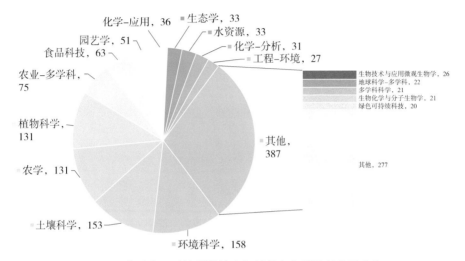

图 3-6　茶叶化肥减施增效技术领域外文文献学科类型分布

（2）中国文献年度发文趋势

图 3-7 与图 3-8 展示了中国茶叶化肥减施增效技术领域中文文献发文
年代趋势。从 CNKI 收录数据以来，CNKI 收录该领域相关文献 758 篇，
最早可以追溯到 1957 年。随着科学不断研究发展，以及多学科交叉的影
响，该领域发文逐年稳步发展。该领域中文发文在 2015 年前增量较为平
缓，2015—2017 年增长较快，2017 年发文量 59 篇，为我国茶叶化肥减施
增效技术领域发文的高峰年。

中国茶叶化肥减施增效技术领域中文文献的学科类型分布如图 3-9 所
示，我国茶叶化肥减施增效技术领域的论文大部分属于农作物领域，共有
论文 414 篇；其次是农业经济，发文 119 篇；再次是农业基础科学，发文
99 篇。发文量前三的学科均与农业相关，占全部学科发文约 65%。另外还
有农艺学、工业经济、园艺、植物保护、环境科学与资源利用等学科的发
文量也相对较高，可见我国茶叶化肥减施增效技术主要涉及农业、产业经
济、环境科学、化学等方面的研究。

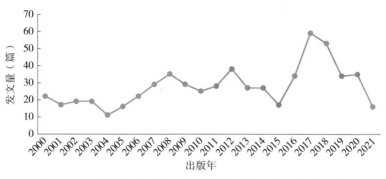

图 3-7　茶叶化肥减施增效技术领域中文文献发文年代趋势

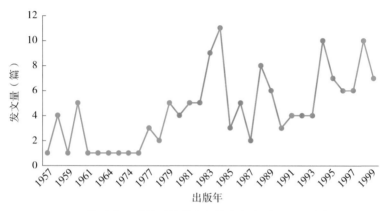

图 3-8　茶叶化肥减施增效技术领域中文文献发文年代趋势

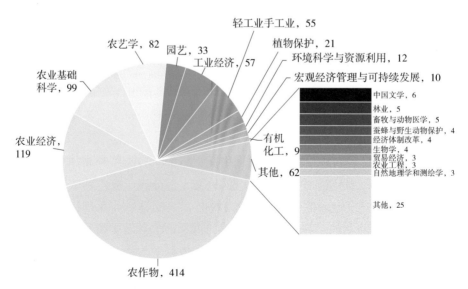

图 3-9　茶叶化肥减施增效技术领域中文文献学科类型分布

（3）总结

自 WOS 核心合集收录以来，全球茶叶化肥减施增效技术领域产出外文文献 708 篇，其中中文作者共发文 245 篇，占全部发文 34.6%，在该领域的研究产出为全球第一，是该领域最主要发文国家。中国是全球主要产茶国家，在茶叶化肥减施增效技术领域研究有着强大的优势，全部作者、第一作者、通讯作者发文量均排名第一；印度也是主要产茶国家，其在该领域全部作者、第一作者、通讯作者发文均排名第二，是该领域研究比较先进的国家。全球茶叶化肥减施增效技术外文文献主要集中在环境科学（158 篇）、土壤科学（153 篇）、农学（131 篇）、植物科学（131 篇）、农学－多学科（75 篇）、食品科技（63 篇）化学－应用（33 篇）等。其中环境科学、土壤科学、农学与植物科学占全部学科分类文献达 49.3%，是发文较为集中的学科。此外还有较多文献分布于多学科、跨学科类别，是比较综合的研究领域。自 CNKI 收录以来，我国共发表该领域相关中文论文 758 篇，2017 年发文量 59 篇为发文高峰年。我国茶叶化肥减施增效技术领域的论文大部分属于农作物领域，共有论文 414 篇；其次是农业经济，发文 119 篇；再次是农业基础科学，发文 99 篇。发文量前三的学科均与农业相关，占全部学科发文约 65%。

通过对国内外高效施肥技术的梳理发现，在目前的农业生产活动中持续发挥作用的主要是八大类技术，分别是测土施肥技术（Anderson，1960）、精准施肥技术（Zhang 等，2002）、灌溉施肥技术（Hagin and Lowengart，1996）、轻简施肥技术（石宇等，2009）、叶面施肥技术等。这些技术在很大程度上提升了肥料的利用效率、降低了化肥施用对生态环境造成的污染，但是不同的化肥技术仍存在一定弊端，例如测土配方施肥难以满足不同地区农民的技术需求（白由路，2014），甚至出现精准施肥导致经济收益减少的情况（Rober，1993）、表面灌溉施肥不易对肥料利用率做出客观评估（Ebrahmian 等，2014），公认的最高效施肥也是被广泛应用的滴灌施肥技术（Feigin 等，1982）、轻简施肥技术前期投入较大（董建军等，2017）。农业部 2015 年提出了"减肥减药"目标，旨在减量提效，降低其对环境的污染风险。目前对施肥效果评价主要是从植物营养的角度研究肥料养分的利用，世界范围内广泛使用的肥料效应函数模型是基于作物产量与土壤养分供应量之间关系基础上形成的 Mitscherlich-Bray 方程（Kashiath and Vipin，2002），欧洲施肥的指导手册使用的是养分分级模型（Fertiliser Manual，2009），Beaufil 和 Sumner 共同提出 DRIS 法（Diagnosis and Recommendation Integrated System）确定施肥量的方法（Singh 等，2012；耿增超等，2003）。而对于技术的载体即农民，鲜少有从农民角度出发研究肥料施用的效果，农民是肥料施用活动的行为主体，其施肥技术的高低、施肥意愿等主观因素直接决定了肥料施用的实际效果。因此，从农户的角度出发，研究其施肥行为对肥料使用效果的影响非常必要。

第 4 章

农户采纳减施增效技术行为的影响因素

4.1 种植户的施肥现状

4.1.1 水稻种植户的施肥现状

2017—2018 年，长江中下游地区开展化肥减施增效技术调研，主要以规模种植户为主，共计 191 户，获取农户基本情况、化肥减施增效技术效益、意愿采纳等情况。

长江中下游地区的水稻种植成本净收益为 2 745.51 元 /hm²，平均每公顷的人工成本为 2 867.96 元。第一，农户个体间收入差异较大，甚至存在入不敷出的情况。在规模户水稻种植成本中，机械、人工和租地成本占比最大，除此，化肥投入平均占比 13.55%。湖北省农户受占地面积影响，肥料投入占比稍小，而浙江省、安徽省化肥投入占比高于均值，个别农户的化肥成本占比甚至高达 20%。第二，从农户常规施肥习惯来看，虽然高达63.67% 的农户已经意识到有机肥施用的重要性，但在调研中发现，大多数农户使用有机肥是简单地认为施用有机肥就会增产，仅凭经验和邻里影响，购买有机肥或进行秸秆还田等行为，并没有相关的技术进行指导如何科学施用。此外，分析近 5 年水稻施肥量发现，仅有 18.46% 的农户意识到过量化肥的危害并采取了相应措施。大多数农户虽已经发现土质变差的问题，但并没有和化肥施用过量相联系。第三，从农户生产成本角度研究发现，鉴于被访农户较大的种植规模，人工成本占比 16% 不容忽视。物料成本中，化肥成本占比最高，均影响了水稻的生产经济效益。

4.1.2 茶园种植户的施肥现状

贵州省茶农：2018 年 6 月和 11 月，对贵州省湄潭县茶叶主产乡镇马山镇、西河镇、洗马镇、兴隆镇的 12 个村约 249 户农户开展了茶叶化肥减施增效技术调研，调查以小农户为主，涉及部分种植合作社和大户。其中合作社和种茶大户占 8%，小户占 92%。接受访问的以户为单位，春茶种植以中老年为主，40 岁以下的年轻人仅占 5.1%，50～70 岁的老年人占82.53%。受访茶农受教育水平普遍偏低，小学水平占 50% 以上。由于贵州省地处山地丘陵地带，结合茶树的种植生长特点，茶树的管理和茶叶的采收大部分处于半机械和人工程度。对于农户，茶树的种植规模大部分在5 亩（15 亩 =1 hm^2，全书同）左右，有部分在 10 亩以上。由于种植规模普遍不大，且春茶和夏秋茶价格悬殊，因此茶树农户的主要收入来源于春茶，大约 3 万元 / 年。夏秋茶收入在 5 000 元左右。每年 11—12 月，在进行剪枝管理后，开始施肥，主要采用的施肥方法为沟施，主要肥料品种为复合肥、有机肥或者茶树专用肥，平均施肥量约 50 kg/ 亩。另外，在调查的一个村，所有的农资（化肥、农药）使用均是合作社统一发放、施用、管理，农户参与管理。

福建省茶农：福建省茶园调研共计 136 个样本。首先是有机肥的使用情况，所调查的农户中 73% 的农户会施用有机肥；在调研中了解到，部分地区限制了家禽的养殖，可能对有机肥的施用产生影响。其次是化肥的使用情况，大部分的农户认为自家的有机肥和化肥的用量是适量，认为超量的不到 10%。农户认为有机肥用量不足的人数与化肥持平，说明该地区农户对有机肥有一定需求。该区有机肥主要来自商品有机肥。因受政策影响，自家粪肥比较少，少数企业会利用自家养殖场的粪肥进行施用，因此有机肥的用量会有所减少。化肥的用量主要根据农户自己的经验、土壤的肥力情况以及农作物的生长情况来进行施用。67% 的农户认为多施化肥不会保证产量，其中部分农户还认为多施化肥会对茶叶的品质造成不好的影响。再次是环保认知情况，认为化肥施用过量会对环境造成污染的农户占比为 71%，而认为对环境不会造成污染的占比高达 29%。最后是化肥减施增效技术的相关培训、采纳、政策和相关支持的情况，项目上对农户推荐过技术的只有 36 户，73% 的农户表示没有收到推荐的化肥减施增效技术；农户参加化肥减施增效技术培训的仅有 33 户，75% 的农户表示没有被邀请参加过培训。

由此可知，化肥减施增效技术还只是向小部分农户进行了推广，推广力度不大，还有待提升。根据对调研成本效益数据的统计，得知平均每亩的毛收入为 8 151.16 元，平均每亩的总成本为 4 966.17 元，平均每亩净收益为 3 184.99 元，不计农户自家人工成本的净收入为 4 548.03 元。对成本进行分析了解到茶叶种植中人工成本是最高的，占比高达 82.81%；其次是肥料成本，占比为 13.59%。茶园的生产管理属于劳动密集型作业，修剪和采摘的质量直接影响到茶叶的质量，因此在很多种植环节都会选择手工劳动；我国农村机械化程度不高，再加上茶叶种植地形是具有一定坡度的山地丘陵，因此机械作业很难推广；在调研中我们还了解到，部分机械需要人力进行作业，而雇用这类工人的价格比起手工作业的工人的价格更高。所以，茶园生产中人工成本在总成本中的占比是最高的。

云南省茶农：由调查得知，由于政府生态茶园的建设，该地区很多茶园是不施有机肥和化肥的，因此在 122 份样本中只有 23% 的用户施用有机肥。有机肥的来源主要是商品有机肥和畜牧场堆沤肥。农户对有机肥和产量关系的认识中，47% 的农户认为只施有机肥是可以保证茶叶的产量的，28% 的农户认为是不可以保证产量的，还有 25% 的农户对此并不太了解。第一，有 66% 的农户愿意接受化肥减施技术，他们中大部分人认为减少化肥的施用可以减少农业成本和保障茶叶品质；有 14% 的农户不愿意接受化肥减施技术，大部分农户认为会带来质量和品质上的风险；还有 20% 在研究人员的解释下仍然不太清楚自己的选择。从上述可以看出农户对茶叶的品质非常重视。在绿肥种植、测土配方施肥技术、缓控释肥技术、有机无机配施、节水节肥技术、水肥一体化等这几个主要的技术中，有高达 61.48% 的农户没有采用过，甚至根本没有听说过这些技术，说明相关的节肥技术的宣传力度还有待提高。第二，该地区很多地方实行了生态茶园政策，生态茶园区是不施用化肥和农药的，因此氮磷钾的养分投入极其的少。第三，成本效益方面，租地费用大概为 870.60 元 / 亩，物料费用为439.20 元 / 亩，毛收入为 3 464.84 元 / 亩。计农户家人的人力成本的净收入为2 201.06 元 / 亩，不计农户家人的人力成本的净收入为 3 087.77 元 / 亩。

4.2　农户的认知与意愿选择

4.2.1　农户对施肥技术的认知

化肥是影响粮食产量诸多因素中最重要的一个（王奇等，2013）。针对水稻种植农户对施肥效果的认知情况展开了调研，分别设置了过量施肥对水稻产量的影响、对水稻品质的影响和对生态环境的影响三方面问题。通过对水稻种植户的施肥情况及施肥影响认知的调查，发现农户对过量施肥所产生不良影响的认知度比较高、农户的施肥行为受主观因素影响比较大且不易改变、对政府所开展的宣传培训整体也比较满意，但是施肥习惯、行为选择和培训效果还有待改善。为进一步减低化肥施用量及推广水稻化肥减施增效新技术，还要采取更多的措施（表4-1）。

表4-1 样本农户对施肥效果的认知

项目	选项	样本总体	比例（%）	示范户	普通农户
多施肥是否增产	不清楚	18	3.55	3	12
	不一定	299	60.43	38	217
	用后心里踏实	92	18.25	8	69
	能保证	45	9.00	8	30
	肯定会	44	8.77	5	32
对水稻品质的影响	不清楚	91	18.25	4	73
	没影响	36	7.35	1	30
	有影响	229	45.97	37	151
	不良影响	104	20.85	12	71
	严重的不良影响	38	7.58	7	25
对生态环境的影响	不清楚	75	15.17	4	60
	没影响	12	2.37	0	10
	有影响	199	40.05	28	136
	不良影响	128	25.83	17	86
	严重的不良影响	84	16.59	12	58

数据来源：研究团队在项目区所做农户问卷调查数据的整理分析。

由表4-1分析结果可知，在水稻产量方面，有3.55%的农户不清楚多施化肥能否使水稻增产，60.43%的农户认为多施化肥不一定能保证水稻的增产，18.25%的农户是因为多施化肥后心里踏实，只有17.77%的农户认为多施肥能保证水稻增产。表明在长期生产实践中，过量施肥引起水稻后期倒伏，继而影响水稻产量的现状（杨和川等，2012）已经得到大多数农户的认可，这为化肥减量施用提供了有效的农户基础。

在水稻品质方面，18.25% 的农户表示不清楚，7.35% 的农户表示没有影响，74.4% 的农户认为过量施肥会对水稻的品质产生影响，其中仅有 28.43% 的农户认为会产生不良影响或严重的不良影响。适当增施肥料可改善稻米加工品质、提高胶稠度、改善营养品质，但外观品质会变劣，主要是垩白率的增加（许仁良和戴其根，2005），表明通过合理施肥改善作物品质的技术还需进一步宣传推广，可以在试验示范区适当开展对水稻品质定级的收购制度。

在生态环境影响方面，2.37% 的农户认为不会产生影响，15.17% 的农户表示不清楚，认为有影响和不良影响的农户分别占 40.05% 和 42.42%。过量施肥一旦超过作物吸收和土壤固持能力，通过淋溶、径流、气体挥发等途径损失，会导致大气、水体和土壤方面的污染和破坏（Semenov 等，2007；Foulkes 等，2009；Becker 等，2007），李颖通过对化肥投入量测算出来的农业碳排放量与农业总产值之间的密切关系，提出推广施肥新建议（李颖等，2013）。示范区农户对于过量施肥引起生态环境的认识已经得到了极大的提高，为推动化肥减量施用奠定了有力的生态意识条件。

以上结果表明，广大农户能显著认识到过量施肥对水稻产量、水稻品质、生态环境的不利影响，为化肥减施增效技术的推广应用提供了基础条件。

4.2.2　农户对施肥技术的选择

在未采用减施新技术的农户中，就采纳意愿做了进一步的研究。结果表明，78.4% 的农户知道某项新技术，21.6% 的农户对该技术完全不了解；知道该技术的农户中，51.97% 的农户是知道一点，13.59% 的农户表示知道，对该技术非常了解的仅占 1.7%。进一步分析表明，假设在水稻产量不受影响的前提下，94.31% 的受访农户愿意减少化肥施用量，只有 5.69% 的农户不愿接受。不愿接受该技术的农户中，担心水稻减产的占比 48.41%，担心减少收入的占 29.07%，担心掌握不了新技术占 13.24%，怕降低品质和增加人工成本的分别占 3.65% 和 5.94%。

假设农户采纳化肥减施技术有一个前提条件，调查表明 42.97% 的农户以水稻不减产为条件，27.73% 的农户选择政府有补贴，26.02% 的农户选择降低成本，仅 3.29% 的农户是在大多数都采用的情况才试用。就农户的担忧来看，最主要是担心减少化肥用量降低水稻产量，愿意采用该技术也是在水稻不减产、政府有补贴或者可以降低生产成本的前提下，所以经济因素是农户采纳化肥减施增效技术意愿的最主要影响因素（图4-1）。

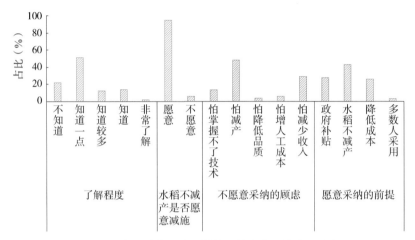

图4-1　农户对化肥减量增效新技术的采纳意愿分析

4.3　政府职能对农户行为的影响

4.3.1　政府职能的履行

　　政府农业部门或农技部门有组织农业技术专业培训的职责，做好新品种、新技术的引进和推广工作。在本次的调研中发现，农户对农技部门组织的培训工作整体比较满意。政府组织的技能培训覆盖率高达94%的农户，只有6%的农户未曾接受过培训。其中受访的科技示范户全部接受过培训，样本农户的77%更是接受过两次以上的培训，甚至超过20%的农户接受过多次培训。

　　接受过培训的农户对培训效果比较认可，68.9%的农户觉得培训的效果好，27%的农户觉得一般，只有4.1%的农户认为培训的效果较差，这个不排除存在有未接受过培训农户填写的问卷（表4-2）。因此政府及农技部门组织的科学施肥方面的相关培训对农户种植水稻减少化肥施用量能够起到非常重要的作用。

表 4-2　政府组织的科学施肥培训

项目	选项	样本总体	比例（%）	示范户	普通农户
科学施肥培训的次数	没有	30	6.08	0	24
	一次	84	16.79	12	58
	二次	178	35.77	19	128
	三次	97	19.71	11	70
	多次	107	21.65	19	70
效果如何	很差	20	4.14	1	16
	一般	134	27.01	18	93
	较好	185	36.74	20	131
	好	104	20.92	12	74
	很好	55	11.19	10	36

数据来源：项目团队在沙洋县所做农户问卷调查数据的整理分析。

4.3.2　农户对政府的期待

就农户对政府部门推广水稻种植减施增效新技术的方式而言，有 5 个选项供农户多项选择。结果表明，农户对 5 项措施的期待程度差距很小，排在首位的是希望通过示范户示范推广的占 22.86%，其次是希望政府给予优惠政策的占 21.51%，希望政府多宣传多培训农户的占 21.33%，注重现场技术指导的占 17.91%，最低的 16.38% 是希望政府提供成熟的技术方案（表 4-3）。因此在化肥减量增效新技术的推广过程中，对农户而言，技术指导、宣传培训、示范推广、优惠政策缺一不可，需要政府部门在其中起到积极的政策引导和发挥好示范带动作用。

表 4-3　农户对政府的期待

项目	选项	样本总量	比例（%）	示范户	普通农户
对政府的期待	提供成熟的技术方案	81	16.38	26	156
	多宣传多培训农户	104	21.33	38	199
	通过示范户示范推广	113	22.86	44	210
	注重现场技术指导	94	17.91	25	174
	给予优惠政策	106	21.51	40	199

数据来源：项目团队在沙洋县所做农户问卷调查数据的整理分析。

基于上述对影响农户化肥施用技术行为的主客观影响因素的分析，可以得出：第一，农户对过量施肥造成的不利影响有一定的认知程度。广大农户能显著认识到过量施肥对水稻产量、水稻品质、生态环境的不利影响，认知比例分别达到 60.43%、74.4%、82.87%，为化肥减施增效技术的推广应用提供了基础条件。第二，农户在肥料选择方面有明显的影响因素。人为经验等主观因素是农户选择肥料种类的主要影响因素，化肥肥效、养分含量、专家建议等客观条件是次要影响因素，真正从保护耕地、水体等生态环境角度考虑的农户不足 10%。第三，农户选择化肥减量增效新技术的意愿有一定前提。农户最主要的担心是减少化肥用量后水稻产量的降低，采纳化肥减量增效新技术需要保证水稻不减产，或者政府有补贴，或者可以降低生产成本等，经济因素是农户采纳新技术的前提条件。第四，农户对政府推动化肥减量增效新技术有一定期待。政府的宣传培训对农户的认识程度有极大的促进提高作用，农户期待政府在提供成熟的技术方案、加大宣传培训力度、开展示范带动、加强现场技术指导、创设更多优惠政策方面能够加大工作力度，以推进化肥减量增效新技术入户到田。

4.4 政策因素对农户行为的影响

4.4.1 发达国家和组织施肥政策总结

(1) 欧盟的养分管理政策

在 20 世纪 60 年代，欧盟推出了农田养分收支平衡记录单模型法，在此基础上又经过不断的摸索改进，80 年代末至今被广泛采用，是欧盟国家的农户进行农田养分管理的一项实用技术。欧盟为治理农业面源污染建立起完整的政策法规的执行和评估机制（图 4-2），既要重视技术的作用，更要注意发挥软环境的作用。参与主体的角色不同，功能层面也不同，只有依靠众多参与主体之间的相互配合才能更好地发挥政策的调节作用。

(2) 德国

德国是在化肥污染防治方面有着丰富经验的国家，1977 年颁布的《肥料法》主要目标是根据土壤养分供给能力和植物养分需求，选择适宜土地耕种的作物种类、肥料的施用量及施肥时间，依据不同土壤类型、作物类型和施肥量田间试验研究结果和当地的水文地质条件、土地利用、高精度农田土壤数字信息，规定各区允许的轮作类型和相应的施肥标准。同时德国政府在欧盟和各州政府对农业补贴的基础上，每年从年度财政预算中拿出近 40 亿欧元用于支持农业环境政策的执行、面源污染的防控。

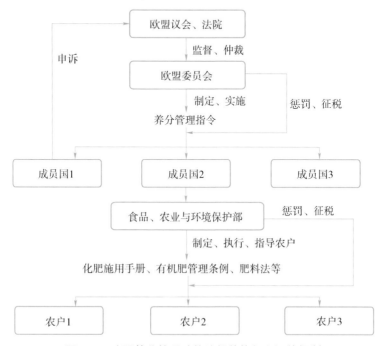

图 4-2　欧盟养分管理政策法规的执行和评估机制

（3）英国

英国政府在欧盟共同农业政策的框架内实行非常严格的施肥政策。不仅对施肥的时间做出严格规定，对施肥地点也有要求。冬季采取 250 kg/hm² 的氮肥使用标准，而秋季则禁止使用氮肥；在氮肥对生态环境造成严重污染的地区，每年 8 月 1 日或 9 月 1 日至 11 月 1 日禁止使用氮肥；在距离河道 10 m 以外或者泉涌 50 m 以上的区域才允许施用有机肥料，并且每次施肥量不能超过 250 kg/hm²（程凯，2006）；为鼓励农民保护氮污染敏感地区的生态环境，提出氮肥施用量小于 150 kg/hm² 的农户补贴 65 英镑的激励政策，把耕地转作种植牧草的农户则给予 590 英镑 /hm² 的补偿；此外政府开发了一系列如作物化肥使用手册、作物化肥推荐计算机系统（PLANET）和有机肥氮素推荐系统等指导农民管理养分资源的工具。

（4）美国

美国是最早关注环境问题的国家，并且科研部门对环境的研究也较为深入，建立了一套行之有效的环境管理体系。为了减少化肥投入造成的面源污染，美国农业部和各州农业推广部门针对不同地区特点提出了"最佳管理实践"（Best Management Practices，BMPs），通过环境质量激励项目（EQIP）与保护管理项目（CStP）两大类项目来实现来减少化肥使用对生态环境造成的污染。肥料使用管理在美国被称作植物养分管理，各州在植物食品管理机构协（AAPFCO）提出的指导性意见的基础上再因地制宜地结合本州实际情况，形成各州当地的标准。该标准并不是强制农民遵循的，而是农民是依据需求或者自身意愿来选择是否使用，但是农民一旦因施肥行为操作不当而造成生态污染的则要接受相应的处罚。

（5）日本

日本实行的是世界上最为严格的环境标准，为实现环境产业由"公害防止型、资源节约型"到"资源循环型"的变迁，采取了四大类型措施来实现这一目标。一是政策型措施。制定了一系列较为严格的命令控制型措施法规法制体系以治理和防控农业面源污染，通过立法配套、政策支持覆盖从农业生产投入品到食品产出等各个环节，尽可能减少"盲区"；二是市场型措施。通过发展生态及有机农业调控市场需求，引导农户减少化肥施用量以减少对生态环境的污染；三是公众参与型措施。日本的环保公众参与程度非常高。公众不仅积极参与环境法律法规的制定和修改，形成了自觉维护公共环境的优良民风，开展多层面多渠道的环保教育；四是技术型措施。致力于提高农业生产技术，发展环保型生态农业在降低化肥对生态环境污染的同时防止土地盐碱化，提高土地肥力。

（6）韩国

面对农业发展与环境保护之间的矛盾与挑战日益激化，在科研能力及认识水平不断提高的基础上，韩国成立一个以制定和实施亲环境农业政策为主要职责的"促进亲环境农业行政组织"，如实施《亲环境农业培育五年计划（2001—2005）》（以下简称《五年计划》）等，在政策建设与实践方面进行有益的探索。《五年计划》提出如下实现指标：在化学生产资料的施用方面，从1999—2005年，化肥从84.2万t、农药从2.5万t，各减少30%，通过一系列措施如期实现目标（金钟范，2005）。

4.4.2　各国化肥施用政策对我国的启示

世界一些发达国家为管理和控制化肥不合理施用所造成的农业面源污染制定了相应的法律法规政策，这是各国管控化肥施用的重要依据。在政策工具和技术工具的指导和应用下，欧盟和美国经过多年的有效治理，农业面源污染已大幅减少；日本、韩国通过政策激励调节农户的施肥行为，减少农民不合理施肥造成的污染，使生态环境得到了很大的改善。中国目前面源污染问题同样严重，亟待解决，但是中国的农业生产目标与欧、美、日、韩等国有很大的差别，具有其特殊性：经营规模小且分散，不利于机械化操作管理。因此，在分析其他国家的经验的基础上，从中国国情出发，为改进和完善我国化肥使用管理法律法规政策提出几条建议。

（1）制定完善的养分管理制度，加强标准的建立

为了协调农业生产与环境保护两者之间的关系，发达国家在取样调查和田间试验的基础上，制定适合本国的土壤养分管理制度和农业生产标准，指导农业生产者科学合理施用化肥等。在 20 世纪 60 年代，欧盟推出了农田养分收支平衡记录单模型法，在此基础上又经过不断的摸索改进，80 年代末至今被广泛采用，是欧盟国家的农户进行农田养分管理的一项实用技术。此外政府开发了一系列如作物化肥使用手册、作物化肥推荐计算机系统（PLANET）和有机肥氮素推荐系统等指导农民管理养分资源的工具。美国各州在植物食品管理机构协（AAPFCO）提出的指导性意见的基础上再因地制宜地结合本州实际情况，形成各州当地的标准；日本 1999 年出台的《关于促进高持续性农业生产方式采用的法律》配合相关的标准实现对农业生产的安全控制；韩国制定的《五年计划》中根据每块土壤之间的状况建立施肥标准及管理标准，建立有机肥的标准以促进规模生产和利用乃至替代化肥。

（2）要健全相关政策法规，并实行严格的环境保护政策

法律法规是世界上各个国家调控、管理农业面源污染的法律基础，是调解各项矛盾的关键，也是各项政策计划实施的坚强后盾。欧盟为保护环境颁布了《欧盟共同农业政策》等政策指令，制定了养分排放限定标准、重点监测与管理硝酸盐脆弱的区域、对各经营主体的污染行为制定了严格的惩罚措施。以德国、法国和英国为代表的欧盟各国化肥施用量于 1989 年前后开始出现拐点，开始大幅减少；美国从 1972 年起陆续颁布法律政策。日本在农业方面相关的法律法规主要有《堆肥品质管理法》《可持续农业法》等。韩国 1997 年颁布的《环境农业培育法》即后被改称为《亲环境农业培育法》，是促进亲环境农业顺利实施和发展的制度基础；印度政府早在 1955 年就实施《必需品法》，1985 年开始实行对化肥质量控制的各项措施。

（3）建构高效的管控机构，建立环境保护监督制度

从各国经验可以看出专门的管控部门、高效的协调机制是管控农业面源污染的基础。如在 1970 年，美国成立环境保护署，建立起一套包括公众审核监督制度和公民诉讼在内的环境保护监督制度，后被引入欧盟等其他发达国家；欧盟建立了完整的政策法规的执行和评估机制，兼顾重视技术与软环境的双重作用。不同经营主体的层面功能不同，各主体之间的相互配合良好才能发挥好作用；德国土壤保护信息资源特别工作小组是政府间合作平台；德国土壤保护工作小组主要讨论政策范围、解决方案并且提出建议；法国政府部门改组后，原先法国环境保护部的功能由法国生态、能源、可持续发展和领土整治部接收。韩国政府的有机农业发展企划团及环境农业科（后改称亲环境农业政策科），逐步制定和实施亲环境农业政策，在政策建设与实践方面进行有益的探索。

（4）加强控制面源污染相关研究，不断发展和完善相关技术

农业面源污染已经成为了造成土壤和水体污染的主要来源，如何控制、减少农业面源污染，如何治理和恢复已经遭受农业面源污染的生态环境，是一个庞大而系统的科学问题。需要进行大量深入研究，不断发展和完善相关技术。为了控制面源污染、减少化肥投入，美国提出了"最佳管理实践"，通过环境质量激励项目（EQIP）与保护管理项目（CStP）两大类项目来实现减少化肥使用对生态环境造成的污染。近 20 多年来，法国采取为加速土地集中、扩大农场经营规模所采取的一系列措施。

（5）注重对民众的环境教育

农民是化肥、农药等的直接使用者，同时也是环境问题的监督者，具有高度环保意识的农民对于面源污染的控制具有重大作用。美国通过《环境教育法》，最早提出"环境教育"概念。鼓励农民采用环境友好的替代技术。日本学者提出的"环境共有原则"和"环境权为集体性利益原则"，可以说是日本人环境理念的集中体现。公众参与已经发展为公认的环境法准则。

通过对影响农户施肥行为影响因素的分析可以得出以下结论：一是农户对过量施肥造成的不利影响有一定的认知程度。广大农户能显著认识到过量施肥对水稻产量、水稻品质、生态环境的不利影响，认知比例分别达到 60.43%、74.4%、82.87%，为化肥减施增效技术的推广应用提供了基础条件。二是农户在肥料选择方面存在明显的影响因素。人为经验等主观因素是农户选择肥料种类的主要影响因素，化肥肥效、养分含量、专家建议

等客观条件是次要影响因素，真正从保护耕地、水体等生态环境角度考虑的农户不足 10%。三是农户选择化肥减施增效新技术的意愿有一定前提。农户最主要的担心是减少化肥用量后水稻产量的降低，采纳化肥减量增效新技术需要保证水稻不减产，或者政府有补贴，或者可以降低生产成本等，经济因素是农户采纳新技术的前提条件。四是农户对政府推动化肥减量增效新技术有一定期待。政府的宣传培训对农户的认识程度有极大的促进提高作用，农户期待政府在提供成熟的技术方案、加大宣传培训力度、开展示范带动、加强现场技术指导、创设更多优惠政策方面能够加大工作力度，以推进化肥减量增效新技术入户到田。

4.5　农户的化肥施用行为

4.5.1　行为选择的影响因素

农民由于受到文化程度和实践范围的局限性，在事物选择方面，很大程度上受自身经验及周围环境的影响。图 4-3 结果显示，在水稻种植的施肥量方面，仅有 7.11% 是按照说明书配比进行肥料施用，24.57% 的农户是在专家或者农技部门的指导下确定施肥量，26.72% 的农户是通过自己判断土壤的状况来确定施肥量，剩下的 34.7% 的农户主要凭借以往经验进行施肥。由此可见，有相当一部分农户更相信人为经验，而不是遵循科学合理的技术方法。

在肥料种类选择方面，看中肥料效果的农户占 39.68%，考虑价格的占 24.29%，选择养分含量的占 17.81%，出于使用习惯的占 10.39%，而从生态环保角度考虑的仅占 7.83%。在实际的调研过程中发现，所谓的选择肥料效果的农户也是根据经验来判断或者听取其他施用过农户的评价。

在了解农户的选择行为习惯之后做出一个假设，以进一步确认之前的结论。假设农户常规施用的化肥价格上涨了，看农户的行为选择是否发生变化。从图 4-3 可以看出，肥料的价格上涨之后，11.56% 的农户选用更便宜的替代产品，47.64% 的选择不改变施肥方式，21.23% 的农户会减少化肥的用量而增加有机肥的用量，14.15% 的农户选择使用新肥料品种，只有 5.42% 农户会直接减少化肥施用量。由此可以看出多数农民施肥行为受价格因素影响不明显，即使投入成本增加，农民也不愿意改变其固有的施肥方式。在作出改变的样本农户中，重新选择替代化肥种类时，超过一半（53.44%）的农户是看肥料使用效果的好坏，27.44%的农户是听从专家的推荐，6.43%的农户是考虑价格的高低，3.99%是听从广告的宣传。

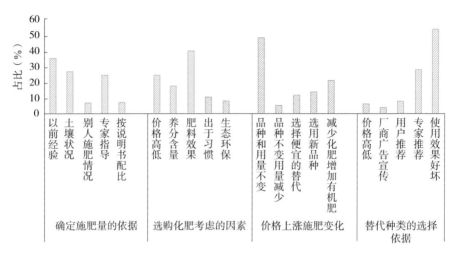

图 4-3　影响农户化肥选择的因素分析

由此可见，在肥料种类选择方面，农户基本还是注重人为经验等主观因素，肥效、养分含量、专家建议等客观条件也是重要影响因素。真正从保护耕地、水体等生态环境角度考虑的不足 1/10。因此需要从肥料生产上进行国家法律法规的宏观调控，通过经济和环境制度来约束化学肥料的使用，同时不断提升肥料生产、流通、使用者的专业技能，促进生态、绿色肥料的推广应用，从而推动生态环境保护和农业绿色可持续发展。

4.5.2　农户的施肥行为路径

根据计划行为理论，农户对于是否采纳化肥减施增效技术取决于他们对该技术的认知程度，认知程度的高低直接决定了行为的发生。农户的行为意向受到他们自身素质、经济效益预期、社会效益预期和生态效益预期等要素的制约。据此，构建农户采纳化肥减施增效技术的计划行为理论模型，分析农户采纳行为的形成过程及影响因素。

（1）自身能力与采纳行为

农户的年龄、性别、文化程度、种植面积等个体特征和家庭劳动力人数、农业收入等家庭特征会影响农户对于采纳意愿行为态度和知觉行为控制。一般来说，农户越年轻，文化程度越高，其对于新技术、新的生产方

式的接受、理解程度越高，男性也通常比女性要更愿意尝试新东西和敢于
探索等，具有较高认知程度的农户行为选择对于普通农户具有正向的示
范效应。另外，科技示范户相比普通农户科技综合素质更高，享有更多
的政府优惠政策和补贴，他们对新技术、新生产方式的示范传播具有很
高的热情。农户农业收入也在一定程度上反映对新技术的依赖程度，在
该地区比较重视绿色发展与管理创新高，农户收入较多地依赖林果业的
情况下，农户出于风险回避，往往对新技术、新生产方式的采用会较为
消极。

（2）收益、抗风险能力与生产行为

依据经济人假设，农户会以利润最大化作为生产行为选择的依据，但
知识的有限和信息掌握的不充分等因素会导致农户只能在他能力范围内做
出有限理性的决策。农户对其技术采纳后的收益利润判断更多是来自其生
产的预期收益和预期成本风险的评价和比较，并在此基础上评判技术的
"好"与"坏"。一般来说，预期收益越高，或者预期成本较低，农户对减
施增效技术的结果评价会越好，开展生产的态度愈加积极，行为意向越
强。农户对减施增效技术的预期收益主要集中在产品市场销售方面。减
施增效技术的低消耗、低污染的要求，约束农户在生产中使用各种先进
生产技术，减少或不使用化肥、农药、生长调节剂等化学产品，更多使
用农家肥、生物肥，应用农业生物和生物农药防治病虫害，做好施肥管
理、病虫害防治、灌溉管理等，这不仅能减少生产中的面源污染和能源
消耗，降低生产成本，而且还能提高农产品的产量和品质，提高市场竞
争能力。

（3）行为规范与行为目标

农户在采纳减施增效技术行为时，不仅受到外部环境规制的制约，还
受到农户个人能力的制约。减施增效技术的目标可以概括为经济效益、生
态效益和社会效益三个方面，行为规范的执行力越强，行为目标实现的可
能性越大。

（4）行为目标与行为效益

行为效益是行为目标的直接体现，行为效益的取得受到行为规范的影
响。农户在行为计划中，目标越明确，行为效益越可能实现。同时，行为
效益也受到内生因素的影响，抗风险能力的高低在一定程度上会影响到行
为效益，行为目标也受到农户事前准备等要素的影响，所以，行为路径的
影响是相互交叉的，在分析中需要放在整体行为中进行研究。

4.6 小结

  通过对农户施肥行为影响因素的分析可以得出以下结论：一是农户对过量施肥造成的不利影响有一定的认知程度。广大农户能清楚地认识到过量施肥会对农产品的产量、品质、生态环境的不利影响，认知比例分别达到60.43%、74.4%、82.87%，这也为化肥减施增效技术的推广应用提供了基础条件。二是农户在肥料选择方面受影响因素的诱导非常显著。人为经验、自身认知等主观因素是农户选择肥料种类的主要影响因素，化肥肥效、养分含量、专家建议等客观条件是次要影响因素，真正从保护耕地、水体等生态环境角度考虑的农户不足10%。三是农户选择化肥减施增效新技术意愿是有一定的前提。农户最主要的担心是减少化肥用量后水稻产量的降低，采纳化肥减施增效新技术需要保证水稻不减产，或者政府有补贴，或者可以降低生产成本等，经济因素是农户采纳新技术的前提条件。四是农户对政府推动化肥减施增效新技术有一定期待。政府的宣传培训对农户的认识程度有极大的促进提高作用，农户期待政府在提供成熟的技术方案、加大宣传培训力度、开展示范带动、加强现场技术指导、创设更多优惠政策，以推进化肥减施增效新技术入户到田。

第 5 章

湖北省稻农采纳化肥减施技术意愿及行为效益分析

稻农采纳化肥减施增效技术意愿的实证分析

通过运用 Heckman 二阶段模型，分析农户采纳减施增效技术的意愿和减施增效技术对农户家庭农业收入的影响，并引入环境规制作为调节变量，从微观角度（吴一平和王艺桥，2016）分析环境规制对农户采纳减施增效技术行为的调节效应（李国志，2017）。结果表明：①从 Probit 意愿分析来看，以务农为主的农户越容易采纳减施增效技术，农户的种植面积与采纳减施增效技术的意愿具有正向影响，且对农户的收入存在一定程度的正相关影响。②从 OLS 收入回归分析的结果来看，减施增效技术的经济效益普遍偏低，对农户的家庭农业收入影响不大，但农户愿意为了保护生态环境采纳该技术，也希望政府通过更有效的渠道推广该技术。

5.1.1　数据来源及样本概述

（1）数据来源

为了解示范区内农户对化肥减施增效相关技术的采纳意愿，研究小组采用问卷调查的方式对水稻种植示范区沙洋县进行了实地调研。样本农户的抽选方式如下：在沙洋县农业局的配合下，按照水稻种植面积排序再等距抽取的方法抽取 5 个乡镇；每个被选取的乡镇再随机抽取 3 个村，每个村随机抽取 30 农户，确保被抽取的农户中有采纳化肥减施增效技术的，也有未采纳化肥减施增效技术的。由于高阳镇是示范的核心区域，所以多抽取 55 户采纳化肥减施增效技术的农户，因此样本的总量为 505 份，其中有效问卷 498 份，有效率为 98.6%，采纳化肥减施增效技术的农户样本为 297。

本研究还针对不同类别的农户设计了不同内容的问卷，针对采纳减施增效技术农户的调查问卷主要涉及以下几个问题：农户的基本信息、采用化肥减施增效技术模式情况、采纳化肥减施增效技术经济效益情况、采纳化肥减施增效技术生态效益情况、采纳化肥减施增效技术社会效益情况，针对未采纳该技术的农户问卷情况如下：农户的基本信息、常规施肥情况、采纳减施增效技术的意愿。其中采用和未采用问卷都设计了农户种植水稻的施肥情况、对过量施肥的认知及影响农户化肥施用量和施肥种类选择的因素等能反映农户施肥行为选择的因素。

（2）样本概述

表 5-1 显示，样本农户主要是以 46～65 岁的初高中文化程度的男性为主，水稻种植面积集中在 10～30 亩，男女比例为 93：7。样本年龄集中在 46～55 岁，占总体样本的 52.2%；45 岁以下的占样本总体的 14.7%；55～65 岁以上的占 29.9%，66 岁以上的占 3.2%；文化程度以初中为主，占比 62.8%；高中及中专占 24.2%；小学及以下占 9.7%，大专及以上占 3.3%；水稻种植在 10～20 亩的农户占样本总量的 41.4%，21～30 亩的占 40.7%，31～40 亩的占 5.8%，41 亩以上种植规模的是承租流转土地实现规模化经营，占 12.1%。以上结果表明所调查区域的农村劳动力以中老年为主、种植规模以小户经营为主、文化程度以初高中为主，整体文化素质偏低。也从侧面反映出中国农民"老龄化、低素质化"，政府不仅要加强对种粮农民的农业教育和技能培训，也要出台相关政策吸引有知识、有文化的青年农民加入新型职业农民的队伍（李练军，2017）。

表 5-1　调研样本的基本情况描述

年龄	样本量（户）	占比（%）	文化程度	样本量（户）	占比（%）	种植规模	样本量（户）	占比（%）
45 岁以下	74	14.70	小学及以下	49	9.70	小于 20 亩	209	41.40
46～55 岁	264	52.20	初中	317	62.8	20～30 亩	206	40.70
56～65 岁	151	29.90	高中及中专	122	24.20	30～40 亩	29	5.80
66 以上	16	3.20	大专及以上	17	3.30	40 亩以上	61	12.10

数据来源：项目团队在沙洋县所做农户问卷调查数据的整理分析。

5.1.2　研究假说

解析环境规制约束下农户采纳减施增效技术行为作用机理的关键是要

弄清楚农户在采纳这一新技术时决策过程的路径，这需要运用计划行为理论来分析农户的决策过程。基于计划理论为本研究提供了解释农户采纳意愿的理论框架。计划行为理论（Theory of Planned Behavior，TPB）是 1975 年由美国学者菲什拜因（Fishbein）和阿耶兹（Ajzen）提出，其基本假设是人是理性的，人的行为并非完全出于自愿，而是会受到控制，在做出某一行为前会综合各种信息来考虑自身行为的意义以及产生的后果。该理论提出后得到了广泛的应用，并接受了实证的检验，Armitage 和 Conner（2001）对 1998 年以前的 185 个有关 TPB 的研究进行元分析（Armitage 等，2001），结果表明行为态度、主观规范和知觉行为控制分别可以解释27% 的行为方差和 39% 的行为意向方差，进一步证明了计划行为理论具有良好的解释力和预测力。后续学者们对该理论也进行了不断地补充与完善。Bagozzi 等（2001）认为人的行为是理性思维与感性思维共同作用的结果，强调在行为态度变量中加入情感性成分，研究结果显示在一定的条件下情感性"态度—意向"甚至比工具性"态度—意向"的关系更强（Armitage 等，2001）。Rivis 和 Sheeran（2003）通过对因素的研究分析发现，两大因素承载了知觉行为控制的测量项目，一个是与行为人的信心因素，另一个是与外部行为控制力因素（Shortle and Duun，1986）。

依据计划行为理论，考察农户是否采纳减施增效技术是由多方面因素共同制约的，可分为四类因素：基本概况、生态效益、经济效益和社会效益。基本情况包括年龄、文化程度、劳动力人数、主要从事行业和种植面积；经济效益包括采用减施增效技术后可节约肥料的成本、人力成本和水稻产量变化；生态效益包括过量施肥对农业面源污染影响的认知、采用减施增效对周围的环境产生影响的认知、从保护环境角度减少施用化肥对农户的采纳意愿；社会效益包括减施技术节约出来的成本的再次投入、减施增效技术的推广方式、激励政策、对食品安全问题的影响。这四类因素对农户的采纳意愿的影响是直接的，可作为考察农户决策过程的第一阶段。第二阶段是考察采纳技术后农户通过一年的使用和实践，是否继续采纳新技术的决策过程，这一决策过程农户更多的是从收益因素来考虑的。收益效果不仅可以用收入衡量，也可以通过构建回归方程来分析其对农户采纳意愿的影响程度。如果采用新技术后，农户的收益受到较大损失，农户是绝对不会继续采纳该意愿的。根据两阶段的分析路径提出以下假说：

H$_1$：在调查样本的基本情况中，年龄因素、从事的行业对农户的采纳意愿具有反向影响，年龄越大对新技术的采纳意愿和接受能力越弱，农业的集约化程度越低越不利于新技术的推广和采纳；文化程度、劳动力人数、种植面积对农户的采纳意愿具有正向影响，文化程度越高、劳动力人数越多、种植面积越大，越有利于新技术的采纳和扩散。

H_2：在经济效益中，采用减施增效技术后可节约肥料成本、人力成本与水稻产量变化对农户的采纳意愿具有正向影响。采用减施新技术后，可降低化肥的施用量和使用次数，能在节省生产投入的同时提高水稻的产量，农户是非常愿意接受的。

H_3：在生态效益中，过量施肥与农业面源污染的关系、采用减施增效对周围的环境产生影响的认知、从保护环境角度减少施用化肥对农户的采纳意愿具有正向影响。农户对过量、不合理施用化肥对生态环境造成不良影响的认知程度越高，越有利于减施新技术的推广。

H_4：在社会效益中，减施技术节约出来的成本再次投入对农户的采纳意愿具有反向影响，减施增效技术的推广方式、激励政策、对食品安全问题的影响对农户的采纳意愿具有正向影响。农户采纳减施新技术节省出来的成本是不太愿意再次投入农业生产的，更多的是倾向自主创业，不利于生产技术的更新及扩散；相反，减施化肥能提高水稻品质，加之积极有效的推广方式和激励政策有助于更多农户采纳减施新技术。

H_5：农户作为理性经济人，具有趋利性，如果该技术无法提高收益，农户不会因为道德和环保意识对决策行为产生过多影响；相反，如果减施不仅降低成本还能增加收益，农户会积极采纳该技术。因此，收益高低是农户决策中重要的考虑因素。

5.1.3 模型选择与解释变量说明

(1) Heckman 两阶段模型

主要运用 Heckman 两阶段法，该方法是一种传统的拒绝推论方法，由 2000 年诺贝尔经济学奖获得者 Heckman 提出的。结合 Heckman 思想建立一个二阶段过程模型：在第一阶段，农户采纳减施增效技术意愿选择，决定是否采纳该技术，可以设定一个选择方程来对这一决策过程进行描述，同时将认知程度不同的农户分为三类，通过意愿分析进行对比；在第二阶段，在采纳意愿的基础上，构建收益回归方程，研究影响收益的各项因素，并通过采纳意愿与未采纳意愿两个群体收益之间的对比，对农户第二阶段的可能做出意愿选择进行研究。

这里将模型设定如下：

$$y_i = \begin{cases} 1 \text{采纳意愿} \\ 0 \text{未采纳意愿} \end{cases} \qquad i = 1, 2, 3, \cdots, n \qquad (1)$$

$$\begin{aligned} y_i &= X\alpha + \varepsilon_1\alpha \qquad 为各变量 \\ y_z &= X\beta + \varepsilon_2\beta \qquad 为各变量 \end{aligned} \qquad (2)$$

$$Y = (y = y_i, \ y = y_z)$$

收益方程：　　$Y_2 = \beta_0 + \beta_1 X_1 + \beta_2 X_2 + \cdots + \beta_i X_i + \beta_j \lambda + \varepsilon_2$ 　　　　　（3）

(2) 模型中变量的说明

研究共选用了 17 个变量，其中被解释变量为 2 个，分别为采纳意愿和农业收入；解释变量为 14 个，分别分为基本情况变量、经济效益变量、生态效益变量和社会效益变量；控制变量 1 个，将对减施增效技术的认知程度作为控制变量（表 5-2）。

5.1.4　计量模型的估计结果与分析

运用 Heckman 二阶段模型，第一阶段对农户采纳意愿进行 Probit 意愿分析，第二阶段对收入进行 OLS 回归分析，通过 STATA12.0 统计软件输出结果如表 5-3 所示。

(1) 基本情况变量对采纳意愿的影响

在总体样本中，农户的主要从事行业（x_4）对采纳意愿在 5% 的显著性水平上有反向影响，说明从事的行业中以务农为主的农户越容易采纳减施增效技术；在三种不同认知程度的分类中，农户的主要从事行业对采纳意愿也在 5% 的显著性水平上有反向影响，不管对减施增效技术的认知程度如何，从事行业以务农为主的农户越容易采纳减施增效技术，从一定程度上反映了务农为主农户对于新技术的推广普遍持可接受的态度。在总体样本中，种植面积（x_5）对采纳意愿在 5% 的显著性水平上有正向影响，在认知程度较低（f_1）的样本中，种植面积（x_5）对采纳意愿在 5% 的显著性水平上有正向影响，在认知程度一般（f_2）和认知程度较高（f_2）的样本中，种植面积（x_5）对采纳意愿在 10% 的显著性水平上有正向影响，说明农户的种植面积越大越容易采纳减施增效技术。年龄和文化程度变量没有通过显著性检验，可能是因为现在通信设备快速发展，农户可以通过多种途径获取信息，在一定程度上弥补了年龄和文化程度对采纳意愿可能产生的差异，劳动力人数没有通过显著性检验，可能是由于土地规模化经营和农机具的广泛应用在一定程度上替代了农户的劳动。

表 5-2　相关变量及数据统计描述

变量	测量题项	题项代码	题项赋值	均值	标准差
被解释变量	采纳意愿	y_1	1=愿意，0=不愿意	0.40	0.491
	农业收入（万元）	y_2	1.（0～1］，2.（1～2］，3.（2～3］，4.大于3万元	2.53	0.958
解释变量					
（基本情况）	年龄（岁）	x_1	1.45岁以下，2.46～55岁，3.56～65岁，4.66岁以上	2.67	0.863
	文化程度	x_2	1.初中以下，2.初中，3.高中，4.大专及大专以上	2.14	1.019
	劳动力人数（人）	x_3	1.1人，2.2人，3.3人，4.4人及4人以上	2.29	0.992
	主要从事行业	x_4	1.务农为主，2.务工为主，3.半农半工，4.其他	2.12	1.091
	种植面积（亩）	x_5	1.小于20亩，2.（20～30］亩，3.（30～40］亩，4.40亩以上	2.33	1.085
（经济效益）	节约化肥成本（元/亩）	a_1	1.（0～5］，2.（5～10］，3.（10～15］，4.15元以上	2.19	0.674
	节约人力成本（元/亩）	a_2	1.（0～10］，2.（10～20］，3.（20～30］，4.30元以上	1.84	1.042
	水稻产量变化	a_3	1.减产，2.不变，3.增产不大，4.增产较多	2.48	1.060
（生态效益）	过量施肥对农业面源污染的影响如何	b_1	1.没有影响，2.可能污染地下水源，3.可能会破坏土壤肥力，4.可能会破坏生态环境	2.86	0.972
	采用减施增效技术对周围的环境会产生什么影响	b_2	1.不清楚，2.没有变化，3.有所改善，4.明显好转	2.10	1.019
	为保护环境您是否愿意减少施用化肥	b_3	1.不愿意，2.看情况而定，3.愿意，4.非常愿意	3.13	0.944
（社会效益）	您最希望节约的成本投入到哪方面	c_1	1.购买农资，2.流转更多土地，3.经营多元化，4.储蓄	2.85	1.030
	您认为采用哪种方式将更有利于推广减施增效技术	c_2	1.通过舆论宣传，2.通过技术推广站，3.农户间相互传播，4.通过补贴，鼓励农户参与	2.66	1.011
	采用该技术对食品安全问题的影响如何	c_3	1.没有影响，2.不清楚，3.有所改善，4.明显好转	2.66	1.102
控制变量	对减施增效技术的认知程度	f	1.程度较低，2.程度一般，3.程度较高	2.96	0.812

表 5-3　种植户采纳减施增效技术的 Probit 意愿分析估计结果

变量	总体样本		认知程度较低 f_1		认知程度一般 f_2		认知程度较高 f_3	
	估计系数	标准误	估计系数	标准误	估计系数	标准误	估计系数	标准误
x_1	-0.031	0.074	-0.032	0.074	-0.035	0.074	-0.048	0.075
x_2	0.045	0.068	0.043	0.068	0.041	0.068	0.028	0.068
x_3	-0.006	0.063	-0.007	0.063	-0.003	0.063	-0.012	0.063
x_4	-0.170**	0.067	-0.168**	0.067	-0.161**	0.067	-0.141**	0.067
x_5	0.115**	0.058	0.114**	0.058	0.113*	0.059	0.108*	0.059
a_1	0.268***	0.060	0.267***	0.060	0.242***	0.061	0.221***	0.062
a_2	0.140**	0.061	0.137**	0.062	0.137**	0.062	0.114*	0.062
a_3	-0.016	0.066	-0.016	0.066	-0.020	0.066	-0.027	0.066
b_1	0.105*	0.062	0.100	0.065	0.101	0.063	0.056	0.064
b_2	0.096	0.071	0.090	0.073	0.128*	0.072	0.092	0.071
b_3	0.128**	0.059	0.127**	0.059	0.130**	0.060	0.122**	0.060
c_1	0.082	0.061	0.080	0.062	0.066	0.062	0.047	0.063
c_2	-0.125**	0.060	-0.127**	0.060	-0.124**	0.060	-0.139**	0.061
c_3	-0.195**	0.078	-0.196**	0.078	-0.191 3**	0.078	-0.199**	0.078
常数项	-1.152**	0.539	-1.083**	0.589	-0.987 1**	0.544	-0.807	0.552
mils	-1.137***	0.211	-1.151***	0.393	-0.906 4***	0.337	-0.957***	0.320
对数似然值	-0.921		-0.927		-0.815		-0.845	
整体显著性	0		0		0		0	
样本量	498		74		253		171	

注：***、**、* 分别表示在 1%、5%、10% 水平上差异显著。

（2）经济效益变量对采纳意愿的影响

在总体样本和三种不同认知程度的样本中，节约化肥成本（a_1）对农户采纳意愿在 1% 的显著性水平上有正向影响，说明减施增效技术能够节约越多的化肥成本，农户采纳的意愿越强烈。在总体样本中，节约人力成本（a_2）对农户采纳意愿在 5% 的显著性水平上有正向影响；在认知程度较低和认知程度一般的样本中，节约人力成本对农户采纳意愿在 5% 的显著性水平上有正向影响；在认知程度较高的样本中，节约人力成本对农户采纳意愿在10%的显著性水平上有正向影响，说明在减施增效技术能够减少人工施肥成本的前提下，农户对采纳该技术是很愿意的，三种不同认知度出现显著性的差异可能是由于对减施增效技术的成效认识不足造成的。这种认识不足还反映在水稻产量变化（a_3），从而可能导致在各样本中水稻产量变化没有通过显著性检验，目前减施增效技术主要分为两种，一种是秸秆还田，另一种是分阶段施肥。采取直接还田的方式比较简单，方便、快捷、省工。一般采用直接还田的方式比较普遍，秸秆经粉碎后直接翻入土壤，可有效提高土壤内的有机质，增强土壤微生物活性，提高土壤肥力；分阶段施肥技术需要经过测土配方，在改良土壤肥力后按照种植水稻的各个阶段分别施肥，该方法比较复杂，暂时推广的范围有限，但是其成效比前一种方法要更好。由于采取直接还田的方法较多，土壤肥力的改良需要经过较长时间，加之这种方法实施的时间较短，所以农户对该技术的成效还存有广泛的认可。

（3）生态效益变量对采纳意愿的影响

在总体样本中，过量施肥对农业面源污染的影响（b_1）对农户采纳意愿在10%的显著性水平上有正向影响，在三种不同认知程度的样本中，均没有通过显著性检验，说明农户对面源污染的认识还存在一定的差异。采用减施增效技术对周围产生什么影响（b_2）只有在认知程度一般的样本中通过了10%显著性水平上的检验，其余样本都没有通过显著性检验，说明农户对减施增效技术的成效还不完全认可。为保护环境您是否愿意减少施用化肥（b_3）对农户采纳意愿在所有样本中均通过了5%显著性水平上的检验，说明农户的环保意愿得到普遍提升，为了保护环境可以采纳减施增效技术。

（4）社会效益变量对采纳意愿的影响

推广方式变量（c_2）对农户采纳意愿在各个样本中均通过了5%显著性水平上的检验，且具有反向影响，说明了农户希望真正通过有效的渠道获取减施增效技术的信息。在所有样本中，食品安全（c_3）对农户采纳意愿在5%的显著性水平上具有反向影响，说明农户对该技术是否能够解决食品安全问题持有疑虑。

从表5-4可以看出，在总体样本中，年龄（x_1）在5%的显著性水平上具有正向影响，文化程度（x_2）和主要从事行业（x_4）在1%的显著性水平上具有正向影响，产量变化（a_3）在5%的显著性水平上具有反向影响。

在采纳意愿的样本中，农户家庭的农业收入主要受到从事行业（x_4）和种植面积（x_5）的影响，分别在 5% 和 1% 的显著性水平上具有正向影响。在未采纳意愿的样本中，农户的家庭收入主要受到年龄、文化程度、种植面积和产量变化的影响，其中年龄（x_1）和文化程度（x_2）在 10% 的显著性水平上具有正向影响，种植面积（x_5）在 1% 的显著性水平上具有正向影响，产量变化（a_3）在 5% 的显著性水平上具有反向影响。从三个样本的回归结果来看，农户的种植面积与农业收入具有显著性影响，减施增效技术带来的一些收入上的变化对农户家庭的农业收入影响并不明显。

表 5-4　收入方程的估计结果

变量	总体样本		采纳意愿		未采纳意愿	
	估计系数	标准误	估计系数	标准误	估计系数	标准误
x_1	0.1267**	0.049 4	0.055 0	0.073 8	0.119 3*	0.063 6
x_2	0.169 6***	0.044 8	0.054 6	0.071 9	0.110 7*	0.057 1
x_3	0.006 8	0.041 6	0.071 0	0.062 6	-0.002 8	0.053 6
x_4	0.154 3***	0.043 2	0.145 6**	0.068 5	0.041 8	0.055 3
x_5	-0.006 4	0.039 4	0.332 8***	0.069 9	0.216 0***	0.053 3
a_1	-0.009 3	0.040 2	-0.015 2	0.059 0	-0.015 1	0.054 7
a_2	-0.008 5	0.040 7	0.039 0	0.063 7	-0.055 3	0.050 5
a_3	-0.100 2**	0.042 9	0.013 4	0.072 6	-0.123 9**	0.049 3
常数项	1.825 2**	0.269 2	0.870 4**	0.385 5	1.932 1	0.280 1
显著性	0.000 0		0.000 0		0.000 0	
调整后 R^2	0.118 1		0.233 0		0.148 6	

注：***、**、* 分别表示在 1%、5%、10% 水平上差异显著。

基于湖北省沙洋县水稻种植户实地调研的数据，分析了农户采纳减施增效技术的意愿和减施增效技术对农户家庭农业收入的影响。从意愿分析和收入回归分析的结果来看，主要从事行业中以务农为主的农户越容易采纳减施增效技术；农户的种植面积与采纳减施增效技术的意愿具有正向影响，且对农户的收入存在一定程度的正相关影响；在经济效益方面，农户普遍认同该技术使用后能够节约一部分化肥和人力成本，农户对水稻产量可能产生的变化还不太清楚；虽然农户对该技术可能产生的经济效益都抱有信心，但是经济效益普遍偏低，对农户的家庭农业收入影响不大；在生态效益方面，农户对减施增效技术可能带来的生态改善没有太大期望，但是农户们表示愿意为了保护生态环境，采纳该技术；在社会效益方面，农户们对该技术可能产生的社会效益存有疑虑，而且农户们希望通过更有效的推广渠道来了解减施增效技术。

5.2　稻农采纳化肥减施增效技术的行为效益分析

5.2.1　数据概述

基于上一章沙洋县水稻种植户调研数据的研究结果，本次调研共采集了 498 份数据样本，其中采纳减施增效技术的农户为 297 户，在此研究基础上，本节继续对 297 份数据样本进行行为路径研究。采纳减施增效技术的样本主要是以 55 岁以下、初高中文化程度的农户为主，种植面积在 30 亩以上。样本农户年龄集中在 46～50 岁，占总体样本的 76.1%；45 岁以下占样本总体的 21.2%；55～65 岁以上的占 2.7%；文化程度以初高中为主，初中占 57.9%；高中及中专占 35.7%；小学及以下占 0.7%，大专及以上占 5.7%；水稻种植在 20～30 亩的农户占样本总量的 70%，31～40 亩的占 10.5%，41 亩以上的占 19.2%（表 5-5）。

表 5-5　采纳减施技术农户的基本情况描述

年龄	样本量（户）	占比（%）	文化程度	样本量（户）	占比（%）	种植规模	样本量（户）	占比（%）
45 岁以下	63	21.20	小学及以下	2	0.70	小于 20 亩	1	0.300
46～55	226	76.10	初中	172	57.90	20～30 亩	208	70.00
56～65	8	2.70	高中及中专	106	35.70	31～40 亩	31	10.50
66 以上	0	0.00	大专及以上	17	5.70	41 亩以上	57	19.20

数据来源：项目团队在沙洋县所做农户问卷调查数据的整理分析。

5.2.2　研究假说

借助结构方程模型研究技术采纳行为对各种行为路径分析的相关文献较少，对行为绩效分析的文献也不多。其中，吴雪莲等（2016）对水稻秸秆还田技术采纳行为路径分析，运用 Amos17.0 软件对行为路径进行分析。

本文在行为绩效的研究中，一方面，运用 Amos 理论构建行为绩效分析的理论框架，该理论作为组织行为心理因素的经典理论，主要用来衡量动机、机会和能力对个人决策行为的影响程度；另一方面，依然运用计划行为对个体行为规范、行为目标及效益进行深入探析。首先，依据 MOA 理论对农户的自身能力、抗风险能力和事前准备进行分析；其次，依据计划行为理论对农户的行为规范、行为目标和行为绩效进行分析。据此，提出以下假说：

H_1：自身能力对抗风险的能力、行为规范和是事前准备具有正向影响。农户自身能力越强越有利于抵抗风险。

H_2：抗风险能力对行为绩效、行为规范具有正向影响。

H_3：事前准备对行为规范、行为目标具有正向影响。

H_4：行为规范对行为绩效、行为目标具有正向影响。

H_5：行为目标对行为绩效具有正向影响。本文在设计量表时，同时借鉴国内外学者的研究成果，最终确定了 6 个潜变量，如图 5-1 所示。

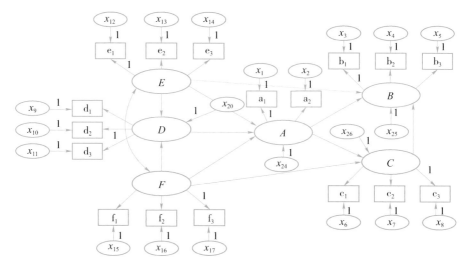

图 5-1　农户采纳化肥减施增效技术的行为路径分析

5.2.3　模型选择与解释变量的说明

（1）结构方程模型

结构方程模型是在分析多个原因和多个结果之间关系、处理潜在变量的多元统计方法的基础上进行因果分析的模型。结构方程模型表达式如下：

$$x = \alpha_x \xi + \delta \quad\quad\quad (1)$$
$$y = \alpha_y \eta + \varepsilon \quad\quad\quad (2)$$
$$\eta = \beta \eta + \lambda \xi + \zeta \quad\quad\quad (3)$$

式（1）和式（2）为测量模型。x、y 分别为外生可测变量、内生可测变量；ξ、η 分别为外生潜在变量、内生潜在变量；α_x 表示外生可测变量与外生潜在变量之间的关系、α_y 表示内生可测变量与内生潜在变量之间的关系；δ、ε 均为测量模型的误差项。

式（3）为结构模型。η 为内生潜在因变量、ξ 为外生潜在自变量；β、λ 均为结构模型系数，前者表示内生潜在变量之间的关系，后者表示外生潜在变量与内生潜在变量之间的关系，ζ 为结构模型的误差项。

（2）解释变量的说明

共选用了 17 个变量，其中潜在变量 6 个，分别为自身能力、抗风险能力、事前准备、行为规范、行为目标、行为效益；测量变量为 17 个，自身能力的 3 个测量变量分别为种植面积、文化程度和工作经验，抗风险能力的 3 个测量变量分别为主要收入来源、农业保险和粮食销售渠道，事前准备的 3 个测量变量分别为施肥计划、播种计划和原材料购买，行为规范的 2 个测量变量分别为按照无公害标准、按照操作规程，行为目标的 3 个测量变量分别为经济效益目标、生态效益目标和社会效益目标，行为效益的 3 个测量变量分别为农户增收、改善生态、社会重视程度（表 5-6）。

表 5-6　相关变量及数据统计描述

潜变量	测量题项	选项	均值	标准差
自身能力（D）	种植面积（d_1）	①小于 20 亩；②（20～30］亩；③（30～40］亩；④40 亩以上	3.35	0.83
	文化程度（d_2）	①初中以下；②初中；③高中；④大专及大专以上	3.19	0.72
	工作经验（d_3）	①10 年以下；②11～15 年；③16～20 年；④20 年以上	3	0.81
抗风险能力（E）	主要收入来源（e_1）	①农业；②工资性收入；③劳务收入；④其他	2.76	0.89
	农业保险（e_2）	①没有办理；②犹豫办理；③打算办理；④已经办理	3.04	1.01

（续表）

潜变量	测量题项	选项	均值	标准差
抗风险能力（E）	粮食销售渠道（e_3）	①不稳定；②比较稳定；③稳定；④非常稳定	2.52	0.77
事前准备（F）	施肥计划（f_1）	①没有计划；②简单计划；③计划周密；④计划非常周密	3.29	0.86
	播种计划（f_2）	①没有计划；②简单计划；③计划周密；④计划非常周密	2.78	0.96
	原材料购买（f_3）	①没有计划；②简单计划；③计划周密；④计划非常周密	3.12	0.98
行为规范（A）	按照无公害标准（a_1）	①不规范；②比较规范；③规范；④非常规范	2.52	0.78
	按照操作规程（a_2）	①不规范；②比较规范；③规范；④非常规范	2.75	0.95
行为目标（C）	经济效益目标（c_1）	①无法实现；②基本实现；③实现；④完全实现	3.48	0.81
	生态效益目标（c_2）	①无法实现；②基本实现；③实现；④完全实现	3.22	0.78
	社会效益目标（c_3）	①无法实现；②基本实现；③实现；④完全实现	2.6	0.81
行为效益（B）	农户增收（b_1）	①无法实现；②基本实现；③实现；④完全实现	2.51	0.77
	生态改善（b_2）	①无法实现；②基本实现；③实现；④完全实现	2.44	0.92
	社会重视程度（b_3）	①无法实现；②基本实现；③实现；④完全实现	1.96	0.98

5.2.4　计量模型的估计结果与分析

运用组合信度作为信度检验的测量指标，在利用结构方程 AMOS 模型对样本数据分析之前，需要先对数据的信度和效度进行检验，利用 spss17.0 对 6 个潜变量进行检验，结果如表 5-7 所示。再利用 Amos24.0 软件对采纳化肥减施增效技术的 297 个样本农户进行实证分析运用，采用最大近似值（ML）法。

表 5-7 信度与收敛效度检验结果

潜变量	题项代码	因子载荷量	组合信度（CR）	平均差异萃取量（AVE）
D	d_1	0.28		
	d_2	0.66	0.63	0.40
	d_3	0.82		
E	e_1	0.71		
	e_2	0.75	0.68	0.43
	e_3	0.46		
F	f_1	0.81		
	f_2	0.75	0.79	0.56
	f_3	0.67		
A	a_1	0.73	0.76	0.62
	a_2	0.84		
C	c_1	0.69		
	c_2	0.69	0.71	0.45
	c_3	0.64		
B	b_1	0.76		
	b_2	0.70	0.78	0.54
	b_3	0.74		

由表 5-7 可见，所有的潜变量组合信度系数都大于 0.6，拥有很高的可信度，从而表明数据具有很好的可靠性和稳定性。效度分为收敛和区别效度。各潜变量平均差异萃取量（AVE）均在 0.5 左右，说明每一个潜变量的收敛效度都较好，模型测量聚合效度较好。

区别效度采用各潜变量 AVE 值的平方根和潜变量与其他潜变量的相关系数来检验，对角线上的数值表示它所对应的潜变量 AVE 值的平方根，非对角线的数值表示潜变量间的相关系数。从表 5-8 中可看出对角线的数值都大于非对角线上的数值，由此可看出各潜变量的区别效度较好。

表 5-8　各潜变量区别效应检验结果

潜变量	D	F	E	A	C	B
D	0.63	—	—	—	—	—
F	0.26	0.75	—	—	—	—
E	0.42	0.25	0.66	—	—	—
A	0.18	0.20	0.17	0.79	—	—
C	0.09	0.11	0.08	0.13	0.67	—
B	0.17	0.19	0.15	0.30	0.14	0.73

在模型参数估计和拟合度检验中，在修正前各项拟合度的指数并不理想，将 x_9 与 y_3，x_{14} 与 y_6，x_{14} 与 x_{15} 的误差协方差设定为自由参数，经过修正后，从表 5-5 中可以看出，各个拟合度的指数均符合标准（表 5-9）。

表 5-9　模型参数估计和修正前后的拟合度

拟合指数	修正前	修正后	参考值标准
X^2/df	3.372	1.425	<2
GFI	0.888	0.945	>0.8
AGFI	0.842	0.920	>0.8
RMSEA	0.090	0.038	<0.08

从表 5-10 中可以看出，自身能力对抗风险能力、事前准备在 1% 的显著性水平上具有正向影响，而自身能力对行为规范在 1% 的显著性水平上却具有反向影响。抗风险能力对行为规范、行为效益均没有通过显著性检验，而且抗风险能力对行为效益具有反向影响。事前准备对行为规范、行为目标分别在 1%、5% 的显著性水平上具有正向影响。行为规范对行为目标、行为效益均在 1% 的显著性水平上具有正向影响。行为目标对行为效益在 5% 的显著性水平上具有正向影响。运用上述结构方程模型计算分析后，农户采纳化肥减施增效技术的行为路径示意见图 5-2。

表 5-10　农户采纳化肥减施技术的行为路径分析

原因变量	结果变量	标准误	t
自身能力	抗风险能力	0.10	1.09***
	事前准备	0.09	0.75***
	行为规范	0.20	-0.09***
抗风险能力	行为规范	0.20	0.35
	行为效益	0.07	-0.05
行为规范	行为目标	0.10	0.39***
	行为效益	0.12	0.99***
事前准备	行为规范	0.09	0.28***
	行为目标	0.08	0.22**
行为目标	行为效益	0.09	0.26**

注：根据软件的运行结果整理所得：***、**分别表示在1%、5%的水平上显著。

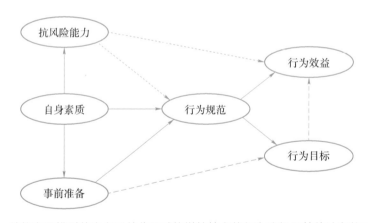

图 5-2　结构方程模型的农户采纳化肥减施增效技术的行为路径及其估计参数示意

注：——表示未经过检验，不显著；　- - -表示5%的显著性水平；
　　——表示1%的显著性水平。

5.3　本章小结

在经典的 MOA 理论框架中引入行为效益变量，再根据沙洋县的调查问卷数据，分析了农户自身能力、抗风险能力、事前准备、行为规范、行为目标、行为效益与农户采纳减施增效技术意愿之间的逻辑关系与影响。

　　农户抗风险能力与行为规范、行为效益没有通过显著性检验，农户自身能力与农户抗风险能力在 1% 显著性水平上呈正相关关系，农户自身能力越强越容易采纳减施增效技术，这说明农户以自身能力对抗风险在一定程度上具有帮助性，但是农户抗风险能力不足以对行为规范、行为效益产生显著影响，农户抗风险能力还需要加强，需要外生因素进行充分干预，如环境规制、政府补贴等因素。

　　行为目标与行为效益没有通过显著性检验，说明行为目标与行为效益不一致，农户对减施增效技术的预期可能过高。减施增效技术主要是降低化肥、农药等对土壤、作物及生态环境的损害，而短时期内不会对水稻的增产和提质产生质变的影响，因此对农户农业增收也不会有太大的影响，所以减施增效技术目前更多的是减少使用量增加生态环境效益，而在增加农户经济效益方面明显不足。今后减施增效技术应该在提高肥效、降低化肥投入成本、精准供给养分方面努力，明显促进农户增收。同时，在调研中，发现试用减施增效技术的农户暂时没有得到任何补助，许多农户非常希望政府能够给予政策上的优惠及相应的财政补贴。

第 6 章

江西省稻农采纳化肥减施技术的行为研究

6.1　理论基础与研究假说

6.1.1　研究分析的理论与基础

(1) 研究理论

MOA 理论是行为组织理论中探讨心理因素的经典理论。MOA 理论认为动机、机会、能力对个体的行为决策具有显著影响（Freel，2005）。由于水稻种植农户作为采纳化肥减施技术行为的决策者，其行为规范在一定程度上会受到主客观因素的影响，即采纳动机、采纳机会、抗风险能力等会在一定程度上对农户的行为规范程度产生影响。因此，本研究根据 MOA 理论构建了水稻种植农户采纳化肥减施技术的行为效益和行为路径的分析框架，再逐一分析采纳动机、采纳机会、抗风险能力对农户采纳化肥减施技术行为规范的影响。

①动机。即驱动个体从事某种活动的驱动力，通常受主客观因素的影响。本研究将动机定义为农民化肥减施技术的经济性、先进性和适用性判断的基础上，对采纳该技术产生的驱动力，如化肥减施技术能够减少水稻种植的投入成本、增加收益、是否适用农户实际、农户是否有兴趣、吸引力多大等。农民对该技术采纳动机越强，采纳行为越规范，因此采纳动机对采纳行为具有正向影响。

②机会。即在特定的范围和特定时期内个体所面临的有利条件、不利条件下的机会对同一行为也会产生不同的影响。本研究的"机会"主要是指农民采纳化肥减施技术的外部条件，通常政府在技术推广过程中扮演着重要的角色，在政策、补贴、技术指导等方面为农民采纳减施增效技术提供便利条件，增加农民采纳的机会。因此政府提供的便利条件越多农民的

采纳机会越大，并有助于规范农户的采纳行为。

③能力。即个体行为决策的潜力和信心，包括所具备的水平条件和物资能力等。本研究指农户所拥有的种植规模、农业保险。人均纯收入等能否抵抗生产风险以及应对采纳减施技术的困难。由于减施增效技术的不稳定性，加上农业生产的风险性，农户自身的抗风险能力对其实施该技术的行为规范有重要的影响。农民的抗风险能力越强，实施技术的行为越规范，采纳意愿越强烈，因此，抗风险能力对行为具有正向影响。

（2）研究基础

农民既是农业新技术推广的重要参与主体，又是新技术最直接的受益者（魏莉丽等，2018），其对农业技术的采纳意愿及采纳行为是未来农业新技术推广扩散需要着重考虑的问题，也是政府制定农业政策制度的重要参考因素。由于农户的文化程度及实践能力有限，在行为判断上受周围环境及其他农户行为选择的影响比较大，其自身素质、耕作情况等也是技术行为选择的重要因素（申云等，2012；邓正华，2013），但经济效益是最重要的因素、是行为决策正向发展的基石（李俊睿等，2018）。国内学术界对农户技术采纳行为的研究非常广泛，发现农户的行为选择存在一定的偏好性、优先序（罗峦等，2013），而且在新技术的采纳过程中存在明显的羊群行为效应（杨唯，2014）。常向阳等（2015）利用选择实验法证实了农户的技术采纳偏好都存在差异。综上，学者们对农户技术采纳行为的研究奠定了基础，但是尚未对目标对象行为的效益进行过深入细致的研究，尤其是针对水稻种植农户采纳化肥减施技术行为效益的研究更是空白。所以以此为研究对象，运用结构方程对江西省新余市渝水区的实地调研数据进行实证分析，研究水稻种植农户采纳化肥减施技术行为的效益及其路径。

6.1.2　分析框架与研究假说

对农户行为的研究主要是通过借助统计模型进行的实证分析，吴雪莲等（2016）运用 Amos17.0 软件对水稻秸秆还田技术采纳行为路径进行了分析。许鹤等（2020）通过 Logistic 回归研究了玉米种植农户的生产行为与国家政策之间的关系。李尚辉等（2020）运用 Probit 和 Tobit 模型探究了农户耕地的撂荒行为及其异质性。因此，在农户采纳化肥减施技术的行为效益研究中，首先，运用 MOA 理论构建行为效益分析的理论框架，该理论作为组织理论中心理因素的经典理论，主要用来衡量动机、机会、能力对个人决策行为的行为效益及采纳意愿的影响，这里主要从农户的采纳动机、采纳机会和抗风险能力三个方面进行分析；其次，对个体行为规范进行深入探析，主要是农户的采纳动机、采纳机会和抗风险能力对其行为规范的影响程度。

根据上述理论研究分析框架和借鉴国内外学者的研究成果，本研究认为水稻种植农户的采纳动机、采纳机会和抗风险能力都是影响其采纳化肥减施技术行为规范的重要因素，其中抗风险能力是基础、采纳动机是核心、采纳机会是条件，农户的行为规范程度直接决定了其行为效益，行为效益又对农户继续采纳该技术的意愿产生重要的影响。如图 6-1 所示。

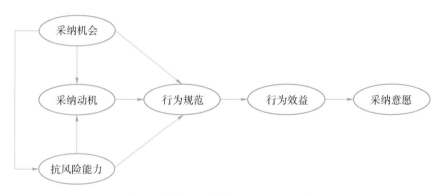

图 6-1　农户采纳化肥减施技术的行为路径的理论分析

据此，提出以下假说：

H_1：抗风险能力对采纳动机、行为规范有正向影响。农户抗风险能力越强对该技术的动机越高，实施该技术的行为越符合规范要求。

H_2：采纳动机对行为规范具有正向影响；农民的采纳动机越强越有利于规范其采纳行为，提升农户在实施技术的过程中的行为规范程度。

H_3：采纳机会对抗风险能力、采纳动机、行为规范具有正向影响。政府通过行为增加农民的抗风险能力、扩大农户采纳技术的机会，所以采纳机会越大，农民的抗风险能力越强，采纳动机越强。

H_4：行为规范对行为效益具有正向影响；农户实施减施技术行为的规范程度越高，其行为效益越大。

H_5：行为效益对采纳意愿具有正向影响。采纳该技术的行为效益越高，其继续采纳的意愿越强烈。

6.2　数据来源及样本概述

6.2.1　量表的设计

开展示范区的调研任务之前，通过阅读文献梳理出影响农户技术采纳行为的因素。研究发现农户的技术采纳行为主要受主观因素影响，如自身抗风险能力、经济收入等，因此在问卷的设计过程中，主要根据 MOA 理论、围绕农户的个人收益成本进行设计，通过农户个人的收益、成本来反映农户在采纳新技术后的经济收入变化情况。

收益指标：种植规模、农业保险、家庭人均纯收入。

直接效益：减投不减产、减投不减收。

成本指标：农户个人的成本投入和操作体验，如技术的复杂程度、操作规范程度等会影响农户的个体投入时间、使用成本，对农户的收入具体显著性作用。

除主观因素外，政府干预行为等客观环境在一定程度上也会对其产生影响。为了更全面地分析影响农户技术采纳行为的主客观机会和条件，还选取了其他社会成本收益、生态效益等指标。因此将农户的抗风险能力、采纳动机、采纳机会三大类指标，作为分析水稻种植农户化肥减施技术采纳行为规范的主要因素，形成本次调研的问卷。调查问卷部分的所有题目均采纳五分量法进行度量和赋值（1～5）。

6.2.2　数据来源及样本描述

（1）数据来源

江西省是水稻主产区，新余市渝水区也是全国性商品粮生产基地县、全国生产粮食先进县，是"化肥农药减施增效技术应用与评估研究"项目早期的示范基地之一，因此调研地址选在渝水区的五个乡镇。调研对象是当地已经采纳化肥减施技术的示范农户，共计 399 户，以示范户户主为主要调研对象。

江西省化肥减施技术示范开始于 2015 年，以水稻种植化肥减施技术为试点，进行监测网络的布置和监测平台的搭建，示范地点主要是在新余市渝水区、丰城市荣塘镇、上高县泗溪镇、万年县陈营镇等。调研的样本农户所采纳的化肥减施技术基本情况详见表 6-1。

表 6-1 农户采纳化肥减施技术基本情况

有机肥替代化肥			采用新的施肥方式			该技术减施增效的重点		
选项	数量（户）	比例（%）	选项	数量（户）	比例（%）	选项	数量（户）	比例（%）
秸秆还田	356	89.22	测土配方施肥	297	74.43	有机肥替代化肥	97	24.31
绿肥替代	12	3	配合微量元素	20	5.02	根据需要量施用化肥	207	51.88
畜禽有机肥	20	5.02	采用缓控释肥	5	1.25	减少化肥流失	44	11.03
沼液沼渣	2	0.50	一次性侧深施肥	28	7.02	提高化肥利用效率	33	8.27
专用生物有机肥	9	2.26	水肥一体化	49	12.28	营养均衡化	18	4.51

数据来源：项目团队所做农户问卷调查数据的整理分析。

（2）描述性统计分析

通过对调研数据的整理发现：采纳化肥减施技术的主要是初中文化程度为主、20 年以上种植经验的农民为主，种植规模主要在 20 亩以下（表 6-2）。通过对调研数据的拟合度分析发现：农户户主的文化程度、种植年限、家庭劳动力人数、水稻销售渠道、借贷融资能力的拟合度偏低，故保留种植规模、农业保险、人均纯收入作为测量农户抗风险能力的三个因变量（表 6-2）。

表 6-2 采纳化肥减施技术农户的基本情况描述

文化程度情况			种植规模情况			种植年限情况		
学历	样本量（户）	占比（%）	规模	样本量（户）	占比（%）	年限	样本量（户）	占比（%）
小学及以下	53	13.28	<10 亩	181	45.36	<5 年	37	9.27
初中	274	68.67	10～20 亩	92	23.06	5～10 年	49	12.28
高中及中专	59	14.79	20～30 亩	39	9.77	10～15 年	49	12.28
大专	13	3.26	30～40 亩	24	6.02	15～20 年	58	14.54
本科及以上	0	0	>40 亩	63	15.79	>20 年	206	51.63

数据来源：项目团队在渝水区所做农户问卷调查数据的整理分析。

6.3　模型选择与解释变量说明

6.3.1　结构方程模型

结构方程模型是在分析多个原因和多个结果之间关系、处理潜在变量的多元统计方法的基础上进行因果分析的模型。结构方程模型表达式如下：

$$x=\alpha_x\xi+\delta \tag{1}$$

$$y=\alpha_y\eta+\varepsilon \tag{2}$$

$$\eta=\beta\eta+\lambda\xi+\zeta \tag{3}$$

式（1）和式（2）为测量模型。x、y 分别为外生可测变量、内生可测变量；ξ、η 分别为外生潜在变量、内生潜在变量；α_x 表示外生可测变量与外生潜在变量之间的关系，α_y 表示内生可测变量与内生潜在变量之间的关系；δ、ε 均为测量模型的误差项。

式（3）为结构模型。η 为内生潜在因变量、ξ 为外生潜在自变量；β、λ 均为结构模型系数，前者表示内生潜在变量之间的关系，后者表示外生潜在变量与内生潜在变量之间的关系，ζ 为结构模型的误差项。

6.3.2　解释变量的说明

共选用了 23 个变量，其中潜在变量 6 个，分别为抗风险能力、采纳动机、采纳机会、行为规范、行为效益、采纳意愿；测量变量为 23 个，抗风险能力的 3 个测量变量分别为种植规模、农业保险、家庭人均纯收入，采纳动机的 3 个测量变量分别为减投不减产、减投不减收、符合农户实际，行为规范的 3 个测量变量分别为操作复杂程度、操作规范程度、严守操规意愿，行为效益的 7 个测量变量分别为降低成本幅度、增加收入幅度、培训农户次数、减施观念接受程度、土壤肥力变化、生态环境变化，采纳机会的 5 个测量变量分别为宣传培训力度、宣传培训效果、人员投入、经费投入、补贴力度，采纳意愿的 2 个测量变量分别是推广该技术的意愿、继续采纳该技术的意愿（表 6-3）。

表6-3 相关变量及数据统计描述

潜变量	测量题项	选项					均值	标准差
抗风险能力	种植规模（亩）	<10	10~20	20~30	30~40	>40	2.23	1.47
	农业保险	不想办理	不大想办	不确定	打算办理	已经办理	4.57	0.96
	人均纯收入（万元/年）	<1	1~2	2~3	3~4	>4	2.98	1.12
采纳动机	减投不减产	不可行	不太可行	不确定	基本可行	可行	3.66	1.00
	减投不减收	不可行	不太可行	不确定	基本可行	可行	3.70	0.98
	符合农户实际	不符合	不太符合	不确定	基本符合	符合	3.77	0.85
行为规范	操作复杂程度	复杂	比较复杂	不确定	比较简单	简单	3.49	0.98
	操作规范程度	不规范	不太规范	不知道	比较规范	规范	3.64	0.67
	严守操作规范意愿	不愿意	不太愿意	不确定	比较愿意	愿意	3.83	0.76
行为效益	降低成本（元/亩）	<10	10~20	20~30	30~40	>40	2.58	1.09
	增加收入（元/亩）	<10	10~20	20~30	30~40	>40	2.60	1.08
	推广范围（%）	<20	20~40	40~60	60~80	80~100	2.54	0.94
	培训农户（次/年）	0	1	2	3	>4	2.41	1.31
	减施观念	不接受	不太接受	不确定	勉强接受	完全接受	3.64	0.77
	土壤肥力	严重下降	有些下降	不确定	有所提升	显著提升	3.86	0.60
	生态环境	严重恶化	有些恶化	不确定	有所改善	显著改善	3.86	0.55

（续表）

潜变量	测量题项	选项					均值	标准差
采纳机会	宣传培训力度	很小	较小	不确定	较大	很大	2.70	1.34
	宣传培训效果	很差	较差	不确定	较好	很好	2.95	1.30
	人员投入	很小	较小	不确定	较大	很大	2.69	1.29
	经费投入	很小	较小	不确定	较大	很大	2.63	1.28
	补贴力度	很小	较小	不确定	较大	很大	2.63	1.28
采纳意愿	推广该技术	不愿意	不大愿意	不确定	比较愿意	愿意	3.86	0.74
	继续采纳该技术	不愿意	不大愿意	不确定	比较愿意	愿意	3.68	0.83

6.4 估算结果与分析

在利用结构方程模型对样本数据分析之前，首先运用克伦巴赫系数作为信度检验的测量指标，对样本数据的信度和收敛效度进行测量分析和检验，结果如表 6-4 所示。

表 6-4　信度与收敛效度检验结果

潜变量	题项代码	克伦巴赫系数
抗风险能力	a_1 a_2 a_3	0.592
采纳动机	b_1 b_2 b_3	0.925
行为规范	c_1 c_2 c_3	0.62
行为效益	e_1 e_2 e_3 e_4 e_5 e_6 e_7	0.855
采纳机会	f_1 f_2 f_3 f_4 f_5	0.972
采纳意愿	g_1 g_2	0.878

利用 mplus7.0 对 6 个潜变量之间的关系及其相互影响程度的显著性进行检验。从 mplus7.0 输出的结果看，除抗风险能力的克伦巴赫系数为 0.592 是非常接近 0.6 之外，其余潜变量的克伦巴赫系数均大于 0.6，说明每一个潜变量的收敛效度都比较好，模型测量聚合效度也较好。由于在本研究中指标大多数属于类别变量，因此采用对角加权矩阵伴均值 - 方差校正卡方检验（Weighted least squares estimator with adjustments for the mean and variance，WLSMV）方法对模型进行估计。结果显示比较拟合指数（Comparison fitting index，CFI）、Tucker Lewis 指数（Tucker-Lewis index，TLI）均远远高于 0.9，CFI=0.976，TLI=0.973，表示该问卷结构效度较好；虽 然近 似 误 差均 方 根（Approximate error mean square root，RMSEA）= 0.13 略高于参考值 0.1，但是在对后文相关指标的检验中其结果全部通过，RMSEA 并未产生不良影响，所以模型拟合指标可以接受。

从表 6-5 中可以看出，抗风险能力对农户采纳减施增效技术采纳动机、采纳技术的行为规范在 1% 的显著性水平上具有正向影响；技术认知对农户采纳技术的动机在 1% 的显著性水平上具有正向影响；采纳动机对农户正确的行为规范在 1% 的显著性水平上具有正向影响；采纳机会对抗风险能力、采纳动机、行为规范具有显著性影响，且均在 1% 水平上显著；行为规范对行为效益在 1% 的显著性水平上具有正向影响；行为效益对采纳意愿也是在 1% 的显著性水平上具有正向影响。运用结构方程模型和 mplus7.0 软件计算分析的农户采纳化肥减施技术的行为路径系数示意见图 6-2。

表 6-5　农户采纳化肥减施技术的农户行为路径分析

原因变量	结果变量	标准化路径系数	标准误	t
抗风险能力	行为规范	0.21	0.03	6.39***
	采纳动机	0.26	0.05	5.69***
采纳动机	行为规范	0.67	0.02	29.09***
采纳机会	行为规范	0.30	0.03	10.90***
	采纳动机	0.35	0.04	9.10***
	抗风险能力	0.27	0.05	5.19***
	采纳意愿	0.32	0.03	9.78***
行为规范	行为效益	0.92	0.01	68.98***
行为效益	采纳意愿	0.67	0.03	25.25***

注：根据 mplus7.0 软件的运行结果整理所得；***、**、* 分别表示在 1%、1%、5% 的水平上显著，表示接受假设。

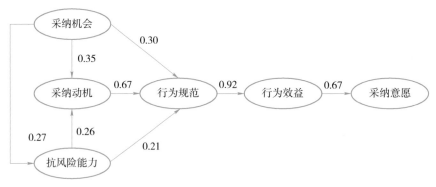

图 6-2　农户采纳化肥减施技术的行为路径及其系数结果示意

注：实线箭头表示接受假设，虚线箭头表示拒绝假设。

6.5　本章小结

（1）采纳动机是农户技术采纳行为决策最重要的影响因素，对行为规范的影响最显著。经济因素是反映采纳动机的主要指标，农民的采纳动机即采纳技术的经济收益会直接影响该技术采纳行为的决策过程。因此，化肥减施技术的推广要在紧扣增效的前提下，确保该技术可以有效增加农民收入。一方面通过土地托管、租赁、入股等流转方式实现适度种植规模以增强农民的抗风险能力，扩大农业保险的规模和范围，鼓励农业经营主体积极参与农业保险，为农业生产增加保障；另一方面，政府也要积极履行职能，在政策、补贴等方面向农民倾斜特别是向已经采纳该项技术的农民倾斜，扩大农民采纳该术的机会，增加采纳技术农民的经济收入。

（2）农户实施减施增效技术行为的规范程度是决定其行为效益最直接、最重要的因素，行为效益又是农民继续采纳该技术意愿的重要参考。本研究采纳减施增效技术行为路径结果中行为规范对行为效应作用系数是 0.97，由于采纳技术的农户对该技术的行为效益抱有信心（李辉尚等，2020），且行为效益对采纳意愿的作用系数是 0.90。因此，规范采纳化肥减施技术农民实施该技术过程中的行为，提升其行为效益是推广减施增效技术过程中需要着重考虑的因素。

（3）理论上农户对减施增效技术的认知程度越高在其实施过程中的行为越规范，但分析结果显示农户技术认知对行为规范的组合信度（CR）和克伦巴赫系数均低于标准值，这表明农户主观上对减施增效技术的认知与实施该技术的行为规范程度不一致。要么是农民主观方面技术认知对其行为规范作用不明显，要么是农民的实际认知程度偏低。由调研数据以及统计年鉴的数据可知，我国农户的文化程度普遍偏低，这也决定了农民主观意识上对减施增效技术的认知程度不高，远不足以对实施技术的行为规范产生直接的影响；相反，技术认知通过作用于采纳动机再对行为规范的影响比较显著，这也符合认知影响动机、动机决定行为的理论逻辑。因此有必要在减施增效技术推广初期加强对农户的相关培训，以提升农户的科学文化素质，加大农民对该技术的宣传培训等，以引导农户对化肥减施技术有全面、客观的认识，提升农民对该项技术的客观认知程度。这也是引导和强化农户化肥减施技术行为的重要前提和核心内容之一。

第 7 章

贵州省茶农化肥减施行为意愿与行为选择关系分析

7.1 理论依据与研究假设

7.1.1 理论基础

行为决策的中心理论是计划行为理论（TPB），由 Ajzen 等（1991）提出的三阶段行为分析方法，是 Ajzen 和 Fishbein（1980）共同提出的理性行为理论（Theory of Reasoned Action，TRA）的继承者（徐祎飞等，2012）。Ajzen 等拓展了理性行为理论，用行为倾向态度、主观规范来预测并分析个体的行为意愿（贾丹等，2016），后又引入行为控制认知，形成了计划行为理论。因此，设计变量的测量时主要参考了周洁红（2006）和王瑜等（2008）的计划行为理论模型以及赵建欣等（2007）的农户行为意向模型，政府规制治理变量主要参考了刘军弟等（2009）的农户生产行为模型，以保证问卷量表设计能够具有良好的内容效度。

（1）态度（Attitude）。态度是指个人对某项行为的直观感觉，即包括正面的也包括负面的，亦即指由个人对某特定行为所抱持的态度，通常情况下态度越正，个体行为的积极性越高。本研究的行为态度是指农民面对减施行为决策时的直观感觉。

（2）主观规范（Subjective Norm）。主观规范是指社会外界干预某个人采取某项行为时所施加的压力。本研究的主观规范是指农技员以及政府对农民减施行为决策影响力的大小程度。

（3）知觉行为控制（Perceived Behavioral Control）。知觉行为控制是指个人的经验以及预期的阻碍，通常当个人所掌握的资源与机会越多、所预期的阻碍越少，则对行为的知觉行为控制就越强。

（4）行为意向（Behavior Intention）。行为意愿是反映采取某特定行为时的个人意愿，是其主观判定。一般来说，个体对某项行为的意愿越强烈，他实施该行为的几率也越大。本研究指农民的化肥减施行为意愿。

（5）行为（Behavior）。行为是指个体实际采取行动的行为。本研究主要是指农民减施行为的实际操作内容。

基于此，农户实施化肥减施技术是有限理性人实施的有计划行为，其自身意愿与行为之间存在严密逻辑思辨路径，是该农户综合考虑外部环境和内部自身特征的一种行为抉择。运用 TPB 理论构建"行为态度、知觉行为控制、主观规范是影响农民化肥减施行为意向的重要因素，农户的行为意向直接决定其减施的实际行为，行为态度、知觉行为控制、主观规范之间互相影响"的分析框架，利用结构方程模型和 mplus7.0 软件对调查样本数据进行实证研究分析。

7.1.2 研究假设

根据上述理论研究分析框架，本研究认为茶园种植农户的行为态度、知觉行为控制、主观规范是影响其化肥减施行为意愿的重要因素，且行为态度、知觉行为控制、主观规范之间是互相影响的，都对其减施技术的行为意愿产生显著性影响，农民关于该技术的行为意向直接影响了其实际采纳行为。据此本文提出以下假说：

H_1：行为态度、知觉行为控制、主观规范对其化肥减施行为意向具有显著影响。

H_2：行为态度、知觉行为控制、主观规范存在两两之间互相的影响。

H_3：农民的化肥减施行为意向与其化肥减施行为具有正相关关系。

分析框架中涉及的多个变量中含有不可直接观测的变量，采用传统的统计方法难以分析，因此选择结构方程模型（Structural Equation Modeling，SEM）。结构方程模型是应用线性方程系统表示观测变量与潜变量之间，以及潜变量之间关系的一种统计方法，它可以同时处理多个原因和多个结果，其表达式如下：

$$y_1 = \gamma_{11}x_1 + \gamma_{12}x_2 + \gamma_{13}x_3 + \gamma_{14}x_4 + \varepsilon_1 \tag{1}$$

$$y_2 = \gamma_{21}x_5 + \gamma_{22}x_6 + \gamma_{23}x_7 + \beta_1 y_1 + \varepsilon_2 \tag{2}$$

$$y_3 = \gamma_{31}x_8 + \gamma_{32}x_9 + \gamma_{33}x_{10} + \beta_2 y_2 + \varepsilon_3 \tag{3}$$

$$y_4 = \gamma_{41}x_{11} + \gamma_{42}x_{12} + \gamma_{43}x_{13} + \gamma_{44}x_{14} + \beta_3 y_2 + \varepsilon_4 \tag{4}$$

$$y_5 = \gamma_{51}x_{15} + \gamma_{52}x_{16} + \gamma_{53}x_{17} + \gamma_{54}x_{18} + \gamma_{55}x_{19} + \beta_4 y_2 + \varepsilon_5 \tag{5}$$

7.2　数据来源与方法选择

7.2.1　数据来源

贵州省湄潭县是全国重要的"名茶之乡""贵州茶叶第一乡"，是茶园化肥减施增效技术的示范区域，是全国茶叶的主要生产区域，在经济发展和社会发展方面具体一定的代表性和前瞻性，所以本研究调查选取贵州省湄潭县茶叶主产乡镇的马山镇、西河镇、洗马镇、兴隆镇四个乡镇。每个乡镇按照茶园种植面积顺序排列，在从中分别选取经济发展程度高中低水平不同的 3 个村庄，从每个村庄符合设定条件的农民中再随机抽取 20 户进行调查。

7.2.2　方法选择

结构方程模型对数据进行处理分析，与普通的连理方程组不同的是，结构方程模型的自身结构上可以有效地避免变量之间内生性问题（Mislevy，1986）。为了克服计算过程中的局限性，对加权最小二乘估计（Weighted Least Squares for Categorical data，WLSc）进行修正，不仅在很大程度上减少了权重矩阵中非零元素的个数、降低了对调查样本数量的要求，还能有效地提升数据处理的速度。常用的数据处理方法主要是对角化 WLSc（Christoffersson，1975；Joreskog 等，2001）、稳健 WLSc 估计（Muthen 等，1997），这些方法还被称为均值校正的 WLS（WLSM）和均值方差校正的 WLS 估计（WLSMV）。由于研究需用到的 19 个指标，介于 2～20 个指标之间（Flora 等，2004；Muthen，1983），多变量会增加模型拟合的难度、过程分析的复杂性，因此采用 WLSMV 估计方法和 Mplus7.0 软件进行验证性因子分析，以筛选出更具代表性的指标。

7.3　问卷设计与样本概述

7.3.1　问卷设计

为了研究农民茶园种植的化肥减施行为，在开展示范区的调研任务之前，团队将本次调研内容分两步进行：首先在阅读相关文献的基础上整理出影响农户技术采纳行为意向的因素。前文的研究基础发现农户的技术采纳行为意向受诸多主客观因素的影响，主观意识（Zhang 等，2010；刘永贤等，2011；魏莉丽等，2018）、外界环境（朱启荣，2008；Saleque 等，2007）、社会预期（Kourouxou 等，2005；李书舒，2011；王珊珊等，2013）等在一定程度上都会对其技术采纳的意愿产生显著影响。因此，将农户的行为态度、知觉行为控制、主观规范三大类指标作为分析农户茶园减施行为意向的主要因素。最后形成本次调研的问卷。调查问卷基于计划行为理论、文献综述、专家咨询等，在充分考虑湄潭县农业农民的基础上等最终形成五个部分：第一部分为农户的知觉行为控制，如文化程度、人均年纯收入、种植规模、参加农业保险、政府的培训效果；第二部分为农户减施行为的态度，包括对减施技术的认知、对收入的影响、对环境的影响、对社会的影响；第三部分为农户的主观规范，主要用来测量农户主观认知、农技员指导、政府宣传培训对农民减施行为的影响程度；第四部分为农民的减施意向，是否愿意继续减施行为、是否愿意主动推广、是否愿意不考虑产量继续减施；第五部分为农户减施的实际行为，包括接受的培训、减施观念、对减施技术的掌握情况等。所以题目均采用封闭式题型、李克特五分量法（Grobelna 等，2013）进行度量和赋值（1～5），变量的赋值从小到大持续变化。

7.3.2　样本概述

为了确保数据的真实客观性，调查人员入户通过一对一访谈并当场作答填写的方式进行，对贵州省湄潭县茶叶主产乡镇马山镇、西河镇、洗马镇、兴隆镇的 12 个村的 249 户农户，开展了关于茶叶化肥减施增效技术应用情况的调研。本次调查共获得问卷 249 份，其中有效问卷 249 份。调查对象是以小学文化程度为主、种植规模集中在 5 亩、且种植年限超过 20 年的春茶种植小户为主。样本农户小学文化程度的占比超过 50%，意味着受访示范户的文化知识水平不高；结合湄潭县的地理位置和茶树的种植生长特点，使得茶园管理和茶叶采收大部分处于半机械和人工状态，茶园的种植规模集中在 5 亩左右，仅有少部分超过 10 亩，说明试用该技术的农户的种植规模偏小。种植茶园的年限以 20 年以上为主，占比 51.63%，说明化肥减施技术的示范农户具有丰富的种植经验。

7.4 信度检验与结果分析

7.4.1 信度检验和因子分析

共选用 19 个变量，其中潜在变量 5 个，分别为知觉行为控制、行为态度、主观规范、减施意向、减施实际行为。

（1）知觉行为控制。知觉行为控制的 5 个测量变量分别为家庭年均纯收入、融资借贷能力、种植规模、农业保险、政府的宣传培训效果。

（2）行为态度。行为态度的 4 个测量变量分别为对减施技术的认知、对收入的影响、对社会的影响和对环境的影响。

（3）主观规范。主观规范的 3 个测量变量分别为主观意见、技术员的意见、政府的意见。

（4）减施意向。减施意向的 3 个测量变量分别为继续减施的意向、主动推广意向、不考虑产量的减施意向。

（5）减施实际行为。减施实际行为的 4 个测量变量分别为减施行为规范程度、接受培训次数、减施观念提高程度、减施技术掌握程度（图 7-1）。

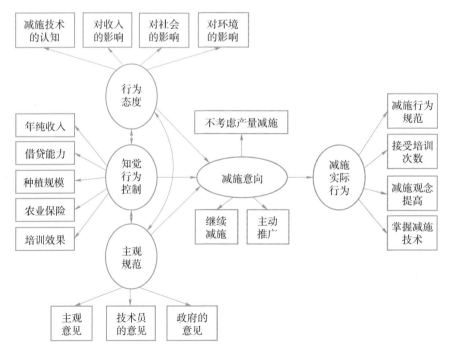

图 7-1 农户减施行为的假设模型

在利用结构方程模型对样本数据分析之前，需要先对数据的信度和收敛效度进行检验（Kline，2011）。运用组合信度作为信度检验的测量指标，采用克伦巴赫系数（De Vellis，1991），运用 mplus7.0 软件对样本信度进行检验。结果显示样本整体克伦巴赫系数为 0.811，由于克伦巴赫系数值在大于或等于 0.7 时是高信任（荣泰生，2009；Hai 等，1998），0.811 明显大于 0.7，表明样本问卷的内部一致性是非常好的。结果如表 7-1 所示。

表 7-1　变量信度及因子分析结果

潜变量	可测变量代码	因子载荷量	组合信度（CR）	克伦巴赫系数
知觉行为控制（y_5）	a_1	0.93	0.77	0.69
	a_2	0.64		
行为态度（y_4）	b_1	0.84	0.82	0.54
	b_2	0.82		
主观规范（y_3）	c_1	0.76	0.73	0.63
	c_2	0.75		
行为意愿（y_2）	d_1	0.95	0.96	0.93
	d_2	0.98		
	d_3	0.88		
实际行为（y_1）	e_1	0.75	0.76	0.66
	e_2	0.81		

从 mplus7.0 输出的结果来看，各潜变量的克伦巴赫系数均在 0.6 左右，其中行为态度略低于 0.6 之外，其余变量的克伦巴赫系数均大于 0.6。潜变量的收敛效度是比较好的，模型的拟合度也是较好的。由于本研究中指标存在类别变量，因此采用 WLSMV 方法对模型进行估算（Flora，2004）。CFA 拟合良好，表明该问卷的结构效度较好、模型的拟合指标是可以接受的，也初步验证了计划行为理论对于研究农民减施行为是适用的。

7.4.2　行为路径分析

在对潜变量的拟合度进行分析的时候，用 WLSMV 方法也对全模型拟合指标进行了估算，结果表明，RMSEA=0.145，CFI=0.968，TLI=0.952，CFI、TLI 均高于 0.9，说明整体拥有很高的可信度，数据具有很好的可靠性和稳定性。对样本农民的减施行为路径分析如表 7-2 所示。

表 7-2　农户化肥减施行为决策的路径分析

结果变量	原因变量	标准化路径系数	标准误	t
行为意愿	知觉行为控制	-0.02	0.06	-0.34
	行为态度	0.36	0.08	4.77***
	主观规范	0.59	0.07	8.65***
实际行为	行为意愿	0.87	0.03	29.91***
行为态度 ⟷	知觉行为控制	0.47	0.053	8.787***
主观规范 ⟷	行为态度	0.7	0.044	16.655***
	知觉行为控制	0.35	0.061	5.666***

注：根据 mplus7.0 软件的运行结果整理所得：***、**、* 分别表示在 1‰、1%、5% 的水平上显著，表示接受假设。

7.5　本章小结

7.5.1　结论

运用上述结构方程模型计算，通过对模型的分析结果可以看出：行为态度、主观规范与行为意愿两两互相影响，且农民的行为态度、主观规范会对其行为意向产生直接影响，行为意向在显著性水平上影响实际行为，且均在 1% 的水平上显著。农户化肥减施行为的路径示意如图 7-2 所示。

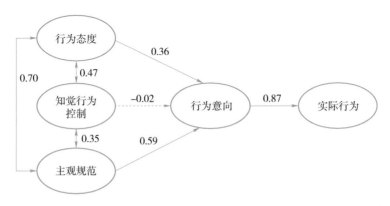

图 7-2　结构方程模型的农户采纳化肥减施技术的行为路径及其估计参数示意

注：┈┈表示未通过检验，不显著；- - - 表示5%的显著性水平；
──表示1%的显著性水平。

减施行为意向对实际行为的路径系数为 0.87，说明减施行为意向与实际行为之间的影响关系显著，农民减施意向越强则其减施行为的发生概率越大。这与邓正华等（2013）认为农民的行为意向对实际行为产生影响的研究结论是一致的。但是，知觉行为控制对行为意向的路径系数是 -0.02，表明知觉行为控制对减施行为意向具有显著影响的假设没有通过验证，是不成立的。在理论上农民的知觉行为控制应该对其减施行为意向产生影响，但能否通过模型检验并呈现出显著性特征是不能一概而论的。虽然假设在模型检验中未通过验证，但是本研究数据整体的拟合度比较高，不能否认其重要性。

7.5.2　建议

在不合理施用化学肥料对生态环境造成破坏的背景下，从施肥农民的行为入手，以采用化肥减施技术的茶园种植农户为研究对象、运用计划行为理论构建分析框架，借助结构方程模型和 mplus7.0 软件及 WLSMV 方法对调查样本数据进行实证，不仅可以研究多个假设变量，也有效降低了运算过程的复杂性。根据上述分析的结果，展开以下讨论：

（1）通过技术培训可以增强农民减施意识

在对农民减施意向产生影响的因素中主观规范的影响力是最大的，路径系数达 0.59，行为意向对农民的减施行为产生显著性影响，因此在减施新技术的推广过程中要加强对农民的培训指导。化肥减施技术作为国家近年来新推广的一项技术，要广渠道、多举措地加强对农民减施技术的培训，尤其注重现场示范、田间教学等培训方式（赵连阁等，2012），充分利用新媒体培养一代掌握减施新技术、具有化肥减施意识、又了解农业农村农民、还会利用现代信息技术的职业农民（高尚宾，2019），强化农户对减施技术的认识、提高农民实施化肥减施行为的水平，增强其主观规范在减施技术实施扩散过程中的影响力。

（2）应该注重提升农民自身的能力

理论上对行为意向产生影响的知觉行为控制在模型检验过程中没有通过验证，一方面可能是农民的知觉行为控制对行为意向的作用力比较小，不足以对行为意向产生影响；另一方面可能是调查农户样本特征不明显，潜变量各指标间波动幅度比较小。这与我国农民文化水平偏低、认知能力不高的实际情况是相一致的，因此，国家应继续加强对农民的文化教育和职业教育体系的完善，不断提高农户的素养和知识水平，使其能够充分认知过量施肥对生态环境造成的破坏，提高其实施绿色生态农业生产行为的效果。同时，完善社会化服务水平，拓宽农业保险的宽度和深度。加强与社会各类组织合作，不断建设和完善技术培训体系。在政府引领下，积极鼓励社会各阶层的合作自觉，使其参与绿色生态农业发展信息和技术的推广工作，构建绿色生态农业技术推广的高效社会化服务体系，提高农户对绿色生态农业技术的掌握程度，降低其使用绿色生态农业的成本，实现其预期收益的稳定增长。同时，在化肥减施示范推广区域加强对农业保险补贴的力度，减轻技术采纳农户的后顾之忧。

（3）农民减施意识的提升是发展绿色农业的关键

行为意向对实际行为的路径系数为 0.87，表明意向是行为的直接决定因素。在乡村振兴战略下，积极帮助农户树立绿色生态农业发展理念，培育农户对环境与社会、经济协调可持续发展的意识，使其充分认识到实施化肥减施技术、发展绿色生态农业的迫切性，进而推动其发展绿色生态农业的主动性和积极性。一方面是通过政府宣传培训，贯彻"绿水青山就是金山银山"的发展理念，能够提高广大农户的环保意识、改变其决策受环境意识的制约、优化行为选择的决策情境，实现绿色生态农业发展的真正落实；另一方面利用市场倒逼机制，完善绿色有机农产品质量标准，转变农民的产品质量意识。通过农产品质量体系的不断优化，促使农民产品质量意识的不断提高，让农户主动为社会提供高质量的绿色农产品。

第 8 章

研究结论与建议

　　基于湖北省沙洋县水稻种植户、江西省新余市水稻种植户、贵州省湄潭县茶园种植户实地调研的数据，分析了农户采纳减施增效技术的意愿和减施增效技术对农户家庭农业收入的影响。从意愿分析和收入回归分析的结果来看，主要从事行业中以务农为主的农户越容易采纳减施增效技术；农户的种植面积对采纳减施增效技术的意愿具有正向影响，且对农户的收入存在一定程度的正相关影响。在经济效益方面，农户普遍认同该技术使用后能够节约一部分化肥和人力成本，而农户就该技术对水稻能否增产、增产多少方面还不太清楚；虽然农户对该技术可能产生的经济效益都抱有信心，但是经济效益普遍偏低，对农户的家庭农业收入影响不大；在生态效益方面，农户对减施增效技术可能带来的生态改善没有太大期望，但是农户们表示愿意为了保护生态环境而采纳该技术；在社会效益方面，农户们对该技术可能产生的社会效益存有疑虑，而且农户们希望通过更有效的推广渠道来了解减施增效技术。

　　有机肥与无机肥的配合施用是科学施肥的基本原则，也是肥料管理政策的核心内容。有机肥和化肥取长补短的配合施用可以平衡养分供给、提高养分的利用率从而增加肥效。秸秆还田等虽然可以改良土壤结构、增加土壤有机质，但是其养分释放慢，若方法不当，会增加土壤病害发病的概率及出现僵苗等不良现象，同时土地规模小、分布零散，大面积的农业机械作业还推广不开，小面积的秸秆机械还田成本较高，所以要不断完善减施增效技术，做到科学施肥。

8.1　发展规模经营，鼓励共享经营权

　　从当前国情出发，以一家一户的分散耕种为主的经营方式不利于农业机械化水平的提升及农业新技术的扩散。模型分析中发现种植面积（x_5）

对采纳意愿在 10% 的显著性水平上有正向影响，农户的种植面积越大越容易采纳减施增效技术，基于水稻种植耕地被分割成的田块数与规模效率是负相关关系（高尚宾等，2011），应该鼓励以承包农户与规模经营主体之间共享土地经营权为特征的经营方式。以农业新型经营主体带动农户共享经营权离不开政府的大力支持，如在购置农机、基础设施建设等方面给予政策优惠等，农户的种植规模越大，采纳减施增效技术的意愿越强烈，随着种植规模的扩大，土地经营的规模效益才能突出体现，增加农民的农业收入。共享土地经营权不仅能够降低生产成本、提高规模效益，还可以兼顾老年农民的恋农情节、改善农业经营主体老龄化的现状，农业适度规模经营是推动传统农业向现代农业转型升级的迫切要求和必然趋势。

8.2 加强农户培训，发挥示范作用

从分析结果可知，农民由于受自身知识水平及实践范围的限制，其施肥行为的选择在很大程度上受自身观念及人为经验的影响，所以应该加强对农户的技术培训，积极发挥示范户的带动作用。结合新型职业农民培训工程、现代青年农场主培育计划等，强化技术培训，开展多层次的现场培训，宣传新技术、新产品、新装备，注重对农户培训的实际效果，提升技术应用水平。引导农民接受新的施肥方式，提高化肥综合利用效率，不断提升农民的生态环保意识。一是力求深度。政府主管农业部门及农技指导部门尽量形成多层次、全方位、多方式、定时期的培训模式。根据农户的实际需求，结合国家对新型职业农民的培训工程等，邀请相关的专家多频次的开展现场培训，注重对农户培训的实际效果，帮助农户提升生态环保意识、解决他们在技术操作运用的过程中遇到的现实问题；二是力求广度。由于普通农民对科学施肥的认知程度比较低，但在很大程度上信赖科技示范户，应加强示范户的示范带动效应，进一步扩大化肥减施增效技术的示范区域、示范面积和示范规模，着重培训科技示范户，通过对示范户开展化肥减施增效技术的试验示范、效益分析和生态补偿，带动辐射周边农户，逐步形成"点—线—面"有梯度的范围辐射效果。科技示范户带动示范户，示范户再带动农户，从整体上提高示范带动的效率；带动农民改变其原有的施肥习惯从而接受新的施肥方式，提升农民的技术应用水平，改变农户原有的施肥习惯，从而有利于化肥减施增效技术的推广，为化肥减施增效技术在全国更广范围的宣传应用奠定基础。

8.3 增强养分管理，完善减施技术

作物吸收的养分来自土壤与肥料两个方面，土壤提供的氮、磷、钾一般占吸收总量的 50%～80%，化肥提供的养分有 65% 以不同形式损失，所以要提高养分综合管理，完善化肥减施增效技术。通过有机肥和化学肥料的综合施用等技术，挖掘土壤和环境养分资源潜力、协调农田系统养分投入与产出的平衡、调节养分循环与利用强度，实现养分资源的高效利用；不断完善施肥模式、施肥方式、施肥技术，开展产学研协作攻关，向农户提供经济、便捷、方便操作的减施技术；支持引导农民和新型经营主体积造和施用有机肥，因地制宜推广符合生产实际的有机肥利用方式，集中打造有机肥替代、绿色优质水稻生产基地，集成可复制可推广的技术模式，在满足作物生长养分需求的同时，又不造成资源的浪费和环境的污染。

绿肥属于有机肥的一种，有机肥料中大量含碳物质如纤维素、半纤维素、各种醇类等是微生物生命活动的能源，也是土壤腐殖质的基本骨架，这是任何化肥所不能替代的。有机肥与无机肥的配合施用是科学施肥的基本原则，有机肥和化肥取长补短的配合施用可以平衡养分供给、提高养分的利用率、从而增加肥效。在南方稻田，冬绿肥可覆盖 6～7 个月的时间，种植并翻压之后，可减少氮肥使用量，提高肥料利用率。"绿肥作物生产与利用技术集成研究及示范"专家——中国农业科学院曹卫东博士在接受记者采访时表示，以紫云英为例，1 hm^2 绿肥可固氮 153 kg，活化、吸收钾 126 kg，替代化肥的效果明显。生产实际的有机肥利用方式，集中打造有机肥替代、绿色优质水稻生产基地，集成可复制可推广的技术模式，放大示范效应，在满足水稻生长养分需求的同时又不造成资源的浪费和环境的污染。

8.4 强化顶层设计，建立补偿机制

为保护生态环境、转变化肥施用模式，必须建立生态补偿机制，这是农业可持续发展的重要要求。农户使用化肥减施增效技术是存在风险损失的，经济效益又是农户施肥行为选择的首要因素，因此政府应强化技术推广的顶层设计，建立补偿机制。通过立法加强肥料生产、销售及使用管理，创造良好的肥料生产和消费环境，以进一步推动科学施肥、维护农民

的合法权益、保障粮食安全，同时减轻生态环境污染，促进农业绿色可持续发展。生态补偿既可以作为一种经济手段来调动农民的积极性，在保护生态环境的同时实现社会经济的可持续。

由于抗风险能力对大规模种植农户及高学历种植户的采纳意愿影响比较大，所以在补偿制度设计时倾向这些农户。建立生态补偿机制要兼顾三大原则，一是"谁污染，谁付费"。将负外部效应内部化，刺激农业经营主体自觉减少对生态环境的污染；二是"谁受益，谁补偿"。当地政府作为受益主体的集中代表，应当从其财政预算经费中支付或转移支付该部分费用；三是"谁保护，谁获偿"。将上述费用用作保护生态环境采纳减施技术农户的收益补偿，以平衡保护者与受益者之间的利益，提高为保护生态环境做出贡献的区域和群体的社会发展水平和生活水平。同时政府及农业相关部门应鼓励利益相关的所有群体积极参与，通过公共舆论和社会监督，使补偿机制的运转和管理更加透明化、规范化、民主化；同时补偿的措施必须制度化，补偿方式渠道化，补偿手段灵活化。建立生态补偿机制、创造良好的肥料生产和消费环境，以进一步推动科学施肥、同时减轻生态环境污染，促进农业绿色可持续发展。

8.5　本章小结

综合来看，要改善化肥过量施用所引发的一系列生态环境问题，要从农业生产环节当中存在的问题入手，加强宣传教育提高农户科学文化素质，树立可持续发展理念，大力扶持有机农业、绿色农业、生态农业的发展，从源头杜绝过量施用化肥。在其他方面也应做到协同一致，加强化肥农药等农资市场的监督管理力度，提高农产品检测力度，对于危害人体健康的农产品零容忍，坚决防止流入市场，保障百姓的菜篮子安全、绿色、无公害；对农户进行宣传教育时，要说明化肥过量施用的危害，在农户合理利益与合法权益不受侵犯的情况下，采用更加高效的措施解决问题，做到参与式发展，充分调动农户积极性与主动性，鼓励科学使用肥料，助力农业绿色发展和乡村生态振兴。

附录

附录1 农户采纳化肥减施增效技术的效益调查

农户及农户家庭基本情况调查表

样本编号：_____   调查员：_____   调查时间：_____

姓名：_____；_____乡（镇）_____自然村

家庭成员编号	与户主之间的关系	性别	年龄	文化程度	政治面貌	家庭人口	劳动人数	从事行业	当年从事农业时间	特殊经历
1	户主									
2										

（1）"文化程度"一栏主要填写"文盲、小学、初中、高中及中专、大专、本科、本科以上"。

（2）"政治面貌"一栏填"中共党员、共青团员、群众"。

（3）"特殊经历"一栏填"曾担任村干部、外出打工、退伍军人、机关退休（政府、企事业单位）、经商、无特殊经历"。

家庭基本情况调查

（1）您的家庭年总收入多少元?（   ）

①1万元以下   ②1万~2万元   ③2万~3万元

④3万~4万元   ⑤5万元以上

（2）您的家庭耕地总共有_____亩，家庭年播种面积_____亩，家庭农业收入_____元，占家庭总收入_____%

（3）您采纳的是哪种减施技术模式?（   ）

①秸秆还田   ②水肥一体化   ③有机无机混搭

④根据水稻生长阶段分多次施肥

（4）您所采纳技术模式的具体是怎么样操作的? _____

（5）之前每年每亩需要施用_____kg肥料？施用的肥料是哪种？（　　）

①常规化肥　　　②有机肥与化肥结合　　　③复合肥　　　④其他_____

具体的配比是：N_____P_____K_____

（6）现在每年每亩需要施用____kg肥料？施用的肥料是哪种？（　　）

①绿肥　　　②有机肥与化肥结合　　　③农家肥　　　④其他_____

具体的配比是：N_____P_____K_____

（7）采纳减施技术之后每亩化肥用量能减少氮肥_____kg，磷肥_____kg，钾肥_____kg，复合肥_____kg。

经济效益情况

（1）据您的经验，近5年，每亩地施化肥数量总体的变化是？（　　）

①增加很多　　　②减少很多　　　③变化不大　　　④没留意

相应的产量是：（　　）

①增加　　　②减少　　　③没太大变化

（2）您之前每年化肥投入需要_____元/亩？（　　）（可选择也可填写具体数字）

①0～100元　　②100～150元　　③150～200元　　④200元以上

（3）您采纳化肥减施增效技术之后化肥投入每年可节省多少钱？（　　）

①0～30元　　②30～50元　　③50～80元　　④50～80元

⑤200元以上

（4）您以前每年施肥_____次/亩，每次用_____人/亩，每次施肥耗费_____天/亩，折算成本是_____元/亩。

（5）您以前施肥的方式是哪种？

①自己施肥　　　②自己和家人一起　　　③雇人施肥

若选③，继续回答每年需要雇用_____人/亩，每个劳动力的成本是_____元/天，总成本是_____元/年。

（6）您采纳减施技术之后每年施肥_____次/亩，每次用_____人/亩，每次施肥耗费_____天/亩，折算成本是_____元/亩。

（7）您采纳减施技术之后施肥的方式是哪种？

①自己施肥　　　②自己和家人一起　　　③雇人施肥

若选③，继续回答每年需要雇用_____人/亩，每个劳动力的成本是_____元/天，总成本是_____元/年。

（8）您采纳化肥减施增效技术之后水稻产量的变化是怎样的？（　　）

①增加了_____kg/ 亩　　②减少了_____kg/ 亩　　③变化不大

（9）采纳减施技术之后水稻的售价相比普通水稻的价格是怎么的？
（　　　）

①提高了_____元 /kg　　②降低了_____元 /kg　　③变化不大

（10）采纳水稻化肥减施增效技术之后总体的收益是？（　　　）

①增加了_____元 / 亩　　②减少了_____元 / 亩　　③变化不大

生态效益情况

（1）您知道过量施化肥会对环境造成污染吗?（　　　）

①知道　　　　　　②不知道　　　　　③略知一点

（2）您了解农业面源污染的相关知识吗？（　　　）

①比较了解　　　　②一般了解　　　　③不了解

（3）您认为大量施化肥会造成土壤板结吗?（　　　）

①是　　　　　　　②否　　　　　　　③不知道

（4）近几年，土壤肥力的好坏有变化吗？（　　　）

①肥力比前几年好　　　　　　　②肥力不如前几年

③没什么变化　　　　　　　　　④不知道

（5）判断土壤是好地坏地的方法？（　　　）

①经验判断　　　　②有检验数据　　　③听别人说

（6）为保护生态环境，您愿意减少化肥用量吗？（　　　）

①愿意　　　　　　②不愿意

选①则继续回答，您支持减施化肥的具体原因是什么？（　　　）

①减少成本支出　　　　　　　　②改善环境，保护生态

③食用更生态

若选②继续回答，您不支持减施化肥的具体原因是什么?（　　　）

①风险过高　　　　　　　　　　②影响水稻产量

③相关政策不透明　　　　　　　④缺乏技术保证

社会效益情况

（1）惯用的化肥价格上涨时，是否会选择用其他替代性类型？（　　　）

①会　　　　　　　②不会

若会的话，您会选用哪种？（　　　）

①更便宜的　　　　②有机肥　　　③政府宣传的新品种

（2）选择化肥的替代类型时，您主要受什么因素的影响？（　　）

①价格高低　　　②效果好坏　　　③他人推荐　　　④广告宣传

⑤其他

（3）如果您自己采用的化肥减施增效技术效益提升之后，您会？（　　）

①介绍给亲戚朋友　　　　　②主动宣传

③不会告诉其他人　　　　　④其他

（4）减少化肥投入量节省出来的劳动力，您会做什么？（　　）

①租种更多的耕地　　　　　②外出打工

③自己创业　　　　　　　　④其他_____

（5）您认为政府组织的科学施肥方面的培训及宣传的次数（　　）

①很多　　　　　②较多　　　　　③一般

④较少　　　　　⑤从没有

（6）您认为政府或农技部门减施新技术的推广方面需要做好哪些工作？（　　）

①提供更成熟的技术方案　　　②注重施肥过程中的指导

③给予优惠政策　　　　　　　④多宣传多培训农户

附录2 农户采纳化肥减施增效技术的意愿调查

农户基本情况及意愿采纳调查表

样本编号：_____ 调查员：_____ 调查时间：_____
姓名：_____；_____乡（镇）_____自然村

家庭成员编号	与户主之间的关系	性别	年龄	文化程度	政治面貌	家庭人口	劳动人数	从事行业	当年从事农业时间	特殊经历
1	户主									
2										

（1）"文化程度"一栏主要填写"文盲、小学、初中、高中及中专、大专、本科、本科以上"。

（2）"政治面貌"一栏填"中共党员、共青团员、群众"。

（3）"特殊经历"一栏填"曾担任村干部、外出打工、退伍军人、机关退休（政府、企事业单位）、经商、无特殊经历"。

常规施肥情况调查

（1）您的家庭年总收入多少元？（　　　）

①1万元以下　　②1万～2万元　　③2万～3万元

④3万～4万元　　⑤5万元以上

（2）您的家庭耕地总共有_____亩，家庭年播种面积_____亩，家庭农业收入_____元，占家庭总收入_____

（3）您家种水稻每亩需要施用_____kg肥料？分_____次施用？施用的肥料是哪种？（　　　）

①化肥　　　　　　②有机肥与化肥结合

③农家肥　　　　　④其他_____

具体的配比是：N_____ P_____ K_____

（4）您在选购化肥进行种类选择时主要考虑什么因素？（　　）（多选）

①价格　　　　　　　②养分含量　　　③肥料效果

④出于习惯　　　　　⑤生态环保　　　⑥其他

（5）您是怎样确定水稻施肥量的？（　　）

①依据以前的经验　　　　　　　　②根据土地的土壤状况

③看着别人施多少跟着施多少　　　④有专家或当地土肥部门指导

⑤按说明书配比

（6）您认为多用些化肥可以保证产量吗？（　　）

①不会　　　　　　　②不清楚，但使用后心里踏实

③一定会

（7）您认为政府组织的科学施肥方面的宣传及培训的次数怎样？（　　）

①很多　　　　　　　②较多　　　　　③一般

④较少　　　　　　　⑤从没有

新技术采纳意愿调查

（1）常规化肥价格上涨时，是否会选择其他替代性类型？（　　）

①会　　　　　　　　②不会　　　　　③直接减少用量

若会的话，您会选用哪种？（　　）

①更便宜的　　　　　②有机肥　　　　③政府宣传的新品种

（2）选择化肥的替代类型时，您主要受什么因素的影响？（　　）

①价格高低　　　　　②效果好坏　　　③他人推荐

④广告宣传　　　　　⑤其他

（3）您认为过量施用化肥会对生态环境和土壤肥力产生影响吗？（　　）

①会产生影响　　　　②不清楚　　　　③不会产生影响

若选①，继续回答会产生什么样的影响？_____

（4）您了解水稻化肥减施增效技术的有关知识吗？（　　）

①了解　　　　　　　②只听说过　　　③不了解

若选①继续回答，您了解的渠道是什么？（　　）

①看电视　　　　　　②有关部门的宣传

③其他农户的示范

（5）您不愿意参加的原因是什么？（　　）

①怕影响产量　　　　②怕降低收入　　③其他

（6）什么样的情况下您会采用化肥减施增效技术？（　　　）

①政府给予补贴　　　　　　　　②经济效益可观

③政府的不断宣传　　　　　　　④大多数人采用

若选①，您认为政府每亩补贴多少钱合适？

① 0～30 元　　　② 30～50 元　　　③ 50～80 元　　　④ 50～80 元

⑤ 200 元以上

若选②，水稻化肥减施增效技术每亩收益多少时您会采用？

①比现在增加_____元 / 亩　　　②与现在持平

（7）您认为政府或农技部门化肥减施增效新技术的推广方面需要做好哪些工作？（　　　）

①提供成熟的技术方案

②注重施肥过程中的指导

③给予优惠政策

④多宣传多培训农户

附录 3 农户化肥减施行为研究的调查问卷

您好！尊敬的先生／女士，问卷信息来源于国家重点研发计划，本次调研数据均用于学术研究，不涉及商业机密，并且保障您个人隐私安全。因此，希望您能在填写问卷时，能够如实反映您关于化肥减施增效技术的真实情况和意愿，以保证数据研究的有效性。问卷均为单项选择题和填空题，希望您在填写时注意看清题目，不要漏答题或者选择多个选项。感谢您的配合，再次表示衷心感谢！

在填写问卷前请仔细阅读填写说明：

1.问卷是以表格形式设置的，直接在选项打勾即可，无须再填写选项。

2.每个题目都要相关的五个不同程度的选项，根据实际情况选择即可。

3.化肥减施增效技术包括秸秆还田、测土配方、水肥一体化、有机无机混施、有机替代等减少化肥使用量提高利用效率的相关技术。

4.鉴于此项目的实施期为 5 年，请把被调查人员的姓名及电话信息填写完整，以方便后续的调查研究。

调查员姓名：_____　　联系电话：_____

农户的姓名：_____　　联系电话：_____

		①小学及以下	②初中	③高中	④大专	⑤本科及以上
经营者素质	文化程度					
	从事苹果种植年限	①≤5年	②5.1~10年	③10.1~15年	④15.1~20年	⑤>20年
	苹果种植面积	①≤10亩	②10.1~20亩	③20.1~30亩	④30.1~40亩	⑤>40亩
	家庭劳动力数	①1人	②2人	③3人	④4人	⑤≥5人
	家庭人均年纯收入	①<1万元	②1万~2万元	③2.1万~3万元	④3.1万~4万元	⑤>4万元
抗风险能力	苹果销售渠道	①非常不稳定	②不太稳定	③不确定	④基本稳定	⑤非常稳定
	参加农业保险	①完全不想办	②不太想办	③犹豫中	④打算办理	⑤已办理
	家庭借贷融资能力	①<1万元	②1万~2万元	③2.1万~3万元	④3.1万~4万元	⑤>4万元
先进性	减少施肥量的同时不减产、不降低产品品质	①完全不可以	②不太可以	③不确定	④基本可以	⑤完全可以
经济性	该技术可在减少施肥量的同时收益不减少	①完全不可以	②不太可以	③不确定	④基本可以	⑤完全可以
适用性	该技术操作过程	①非常复杂	②比较复杂	③不确定	④比较简便	⑤非常简便
采纳动机	对该技术的认知和了解的渠道	①收看广播电视	②手机互联网	③示范户推荐	④政府技术培训	⑤农业部门推广
	该技术的认知程度	①完全不熟悉	②不太熟悉	③一般了解	④比较熟悉	⑤非常熟悉
	采用该技术的动机	①多数人采用	②政府有补贴	③减产不减产	④少施肥省人工	⑤少施肥成本低
实际执行	熟悉该技术操作规程	①完全不熟悉	②不太熟悉	③一般	④比较熟悉	⑤非常熟悉
	实施该技术操作规程的规范程度	①完全不规范	②不太规范	③一般	④比较规范	⑤非常规范
经济效益	采用该技术每亩降低生产成本	①<10元	②11~20元	③21~30元	④31~40元	⑤>40元
	采用该技术每亩水稻增收	①<10元	②11~20元	③21~30元	④31~40元	⑤>40元

农户采纳化肥减施增效技术的行为研究

（续表）

		①	②	③	④	⑤
社会效益	试用减施技术的面积占总面积的比重	①＜20%	②20%～40%	③40.1%～60%	④60.1%～80%	⑤＞80%
	农户接受该技术的相关培训次数	①0次	②1次	③2次	④3次	⑤＞4次
	减少化肥施用量观念的接受程度	①完全不接受	②不大接受	③不确定	④比较接受	⑤非常接受
生态效益	采用该减效技术后的土壤肥力	①严重下降	②有些下降	③不确定	④有些提高	⑤显著提高
	采用该技术稻田及周围生态环境	①严重恶化	②有些恶化	③不确定	④有些改善	⑤显著改善
宣传培训	政府有关部门组织宣传培训的次数、人数	①很小	②较小	③不确定	④较大	⑤很大
	政府有关部门组织宣传培训效果	①很差	②较差	③不确定	④较好	⑤很好
推广力度	政府有关部门的推广人员投入	①很小	②较小	③不确定	④较大	⑤很大
	政府有关部门的推广经费投入	①很小	②较小	③不确定	④较大	⑤很大
支持力度	该技术享受财政补贴或项目经费支持的范围	①很小	②较小	③不确定	④较大	⑤很大
	该技术享受财政补贴或项目经费支持的额度	①很小	②较小	③不确定	④较大	⑤很大
采纳意愿	愿意采纳该技术	①完全不愿意	②不大愿意	③不确定	④比较愿意	⑤非常愿意
	愿意向周围农户推广该技术	①完全不愿意	②不大愿意	③不确定	④比较愿意	⑤非常愿意

参考文献

安宁，范明生，张福锁，2015. 水稻最佳作物管理技术的增产增效作用 [J]. 植物营养与肥料学报，21(4): 846-852.

白由路，2013. 高效安全缓释肥料是肥料发展的重要方向 [J]. 中国农村科技 (3): 14.

白由路，2014. 我国肥料发展若干问题的思考 [J]. 中国农业信息 (22): 5-9.

卞有生，1994. 大中型农场生态经济评价指标及评价方法 [J]. 农村生态环境，10(2): 10-14.

常向阳，赵璐瑶，2015. 江苏省小麦种植农户化肥与农药选择行为分析 [J]. 江苏农业科学，43(11): 551-555.

陈安强，雷宝坤，鲁耀，等，2013. 南方山地丘陵区考虑水稻产量和生态安全的容许施氮量 [J]. 农业工程学报，29(9): 131-139.

戴小枫，2013. 经济社会发展对环境压力预警方法与应用 [M]. 北京：中国农业出版社 .

邓正华，2013. 环境友好型农业技术扩散中农户行为研究 [D]. 武汉：华中农业大学 .

邓正华，张俊飚，许志祥，等，2013. 农村生活环境整治中农户认知与行为响应研究——以洞庭湖湿地保护区水稻主产区为例 [J]. 农业技术经济 (2): 72-79.

董建军，代建龙，李霞，等，2017. 黄河流域棉花轻简化栽培技术评述 . [J] 中国农业科学，50(22): 4290-4298.

杜军，杨培岭，李云开，等，2011. 不同灌期对农田氮素迁移及面源污染产生的影响 [J]. 农业工程学报，27(1): 66-74.

高尚宾，徐志宇，靳拓，等，2019. 乡村振兴视角下中国生态农业发展分析 [J]. 中国生态农业学报（中英文），27(2): 163-168.

高尚宾，张克强，等，2011. 农业可持续发展与生态补偿 [M]. 北京：中国农业大学出版社 .

耿增超，张立新，赵二龙，等，2003. 陕西红富士苹果矿质营养 DRIS 标准

研究 [J]. 西北植物学报 (8): 1422-1428.

郭俊婷，2016. 化肥污染的现状及应对策略 [J]. 江西农业 (17): 118.

国家统计局农村社会经济调查司，2017. 中国农村统计年鉴 [M]. 北京：中国统计出版社.

韩枫，朱立志，2016. 西部地区有机肥使用的农户行为分析 [D]. 北京：中国农业科学院.

郝吉明，尹伟伦，岑可法，2016. 中国大气 PM2.5 污染防治策略与技术途径 [M]. 北京：科学出版社.

何悦，漆雁斌，2020. 农户过量施肥风险认知及环境友好型技术采纳行为的影响因素分析——基于四川省 380 个柑橘种植户的调查. 中国农业资源与区划，41(5): 8-15.

侯萌瑶，张丽，王知文，等，2017. 中国主要农作物化肥用量估算 [J]. 农业资源与环境学报，34(4): 360-367.

黄德春，刘志彪，2006. 环境规制与企业自主创新：基于波特假设的企业竞争优势构建 [J]. 中国工业经济 (3): 100-106.

贾丹，孟令岩，王志丹，2016. 我国甜瓜种植农户技术选择行为分析 [J]. 农业经济 (9): 16-18.

李国志，2017. 水源区农户受偿意愿及影响因素研究——基于瓯江流域中上游 732 个农户调查 [J]. 农业经济与管理 (4): 71-80.

李恒鹏，黄文钰，杨桂山，2006. 太湖地区蠡河流域不同用地类型面源污染特征 [J]. 中国环境科学 (2): 243-247.

李辉尚，郭昕竺，曲春红，2020. 区位效应对农户耕地撂荒行为的影响及异质性研究——基于 4 省 529 户农户调查的实证分析 [J]. 经济纵横 (10): 86-95.

李俊睿，王西琴，王雨濛，2018. 农户参与灌溉的行为研究——以河北省石津灌区为例 [J]. 农业技术经济 (5): 66-76.

李练军，2017. 粮食主产区水稻适度规模经营的意愿影响因素研究 [J]. 中国农业资源与区划，38(12): 130-137.

李仁岗，1987. 肥料效应函数 [M]. 北京：农业出版社.

李书舒，2011. 农户参与环境生产意愿的实证研究 [J]. 生产力研究 (4): 39-40.

李文超，翟丽梅，刘宏斌，等，2017. 流域磷素面源污染产生与输移空间分异特征 [J]. 中国环境科学，37(2): 711-719.

李颖，葛颜祥，梁勇，2013. 农业碳排放与农业产出关系分析 [J]. 中国农业资源与区划，34(3): 60-65.

刘军弟，王凯，季晨，2009. 养猪户防疫意愿及其影响因素分析——基于江苏省的调查数据 [J]. 农业技术经济 (4): 74-81.

刘永贤，梁崎峰，李伏生，等，2011. 广西低碳农业发展现状与对策 [J]. 南方农业学报，42(4): 453-456.

陆文聪，刘聪，2017. 化肥污染对粮食作物生产的环境惩罚效益 [J]. 中国环境科学，37(5): 1988-1994.

罗峦，刘宏，2013. 农户技术采纳行为偏好及影响因素研究——以水稻种植户为例 [J]. 广东农业科学 (18): 213-227.

孟春红，赵冰，2018. 临河流域农业面源污染负荷的研究 [J]. 中国矿业大学学报 (6): 794-799.

彭图图，2012. 环境规制理论的综合研究 [J]，当代经济 (3): 52-61.

彭少兵，黄建良，等，2002. 提高中国稻田氮肥利用效率的研究策略 [J]. 中国农业科学 (30): 1095-1103.

任小静，2018. 环境规制对环境污染空间演变的影响 [J]. 北京理工大学学报，1(20): 1-8.

任晓冬，高新才，2010. 中国农村环境问题及政策分析 [J]. 经济体制改革，3: 107-113.

荣泰生，2009. AMOS 与研究方法 [M]. 重庆：重庆大学出版社.

邵法焕，2005. 我国农业技术推广绩效评价若干问题初探 [J]. 科学管理研究，82(3)，1064-1072.

申云，刘志坚，2012. 水稻种植规模决策行为的影响因素分析——基于江西省 3 县 306 户的调查数据 [J]. 湖南农业大学学报，13(3): 8-13.

沈鑫琪，乔娟，2019. 生猪养殖场户良种技术采纳行为的驱动因素分析——基于北方三省市的调研数据 [J]. 中国农业资源与区划，40(11): 95-102.

石宇，张杨珠，吴名宇，等，2009. 湘南丘岗地区水稻轻简施肥技术的效应研究 . [J] 作物研究，23(2): 74-81.

宋燕平，费玲玲，2013. 我国农业环境政策演变及脆弱性分析 [J]. 农业经济问题 (10)9-15.

孙鸿良，1993. 生态农业的理论与方法 [M]. 济南 : 山东科技出版社 .

谭冰霖，2018. 论第三代环境规制 [J]. 现代法治，1(40): 118-131.

陶群山，2011. 环境规制和农业科技进步的关系分析——基于波特假说的研究 [J]. 人口、资源与环境 (12): 106-119.

万超，张思聪，2003. 基于 GIS 的潘家口水库面源污染负荷计算 [J]. 水力发电学报 (2): 62-68.

王静，傅灵菲，等，2011. 计划行为理论概述 [J]. 健康教育与健康促进 (4): 290-291，301.

王奇，詹贤达，王会，2013. 我国粮食安全与水环境安全之间的关系 [J]. 中国农业资源与区划，34(1): 81-86.

王珊珊，张广胜，2013. 非农就业对农户碳排放行为的影响研究 [J]. 资源科学，35(9): 1855-862.

王世尧，金媛，韩会平，2017. 环境友好型技术采用决策的经济分析——基于测土配方施肥技术的再考察 [J]. 农业经济 (8): 15-26.

王瑜，应瑞瑶，2008. 养猪户的药物添加剂使用行为及其影响因素分析——基于垂直协作方式的比较研究 [J]. 南京农业大学学报（社会科学版）(2): 48-54.

魏莉丽，2018. 农户采纳化肥减施增效技术的意愿及行为研究 [D]. 郑州 : 河南农业大学 .

魏莉丽，吴一平，习斌，等，2018. 水稻种植示范区化肥减施增效技术采纳意愿的调查研究——基于沙洋县问卷调查的分析 [J]. 中国农业资源与区划，39(9): 31-36.

吴雪莲，张俊彪，2016. 农户水稻秸秆还田技术采纳意愿及其驱动路径分

析 [J]. 资源科学，38(11): 2117-2126.

吴一平，王艺桥，2016. 农户宅基地流转意愿影响因素研究——基于濮阳市调查数据 [J]. 农业经济与管理 (2): 42-48.

徐帮学，2004. 农业项目可行性研究与经济评价手册 [M]. 长春：吉林科学技术出版社 .

徐萌，展进涛，2010. 中国水稻生产区域布局变迁分析——基于局部调整模型的研究 [J]. 江西农业学报 (9): 46-49.

徐祎飞，李彩香，等，2012. 计划行为理论（TPB）在志愿服务行为研究中的应用 [J]，人力资源管理 (7): 166-173.

徐祎飞，李彩香，姜香美，2012. 计划行为理论 (TPB) 在志愿服务行为研究中的应用 [J]. 人力资源管理 (11): 102-104.

许鹤，顾莉丽，刘帅，等，2020. 价补分离政策下农户的玉米种植行为研究——基于吉林省宏观与微观数据分析 [J]. 中国农业资源与区划，42(8): 218-222.

许仁良，戴其根，霍中洋，等，2005. 施氮量对水稻不同品种类型稻米品质的影响 [J]. 扬州大学学报（农业与生命科学版），26(1): 66-68.

杨和川，武立权，韩新峰，等，2012. 不同氮肥水平对水稻倒伏与产量的影响 [J]. 农业科学与技术，13(7): 1456-1459.

杨唯一，2014. 基于博弈论模型的农户技术采纳行为分析 [J]. 中国软科学 (11): 42-49.

杨兴杰，齐振宏，陈雪婷，等，2021. 政府培训、技术认知与农户生态农业技术采纳行为——以稻虾共养技术为例 [J]. 中国农业资源与区划：网络首发 .

虞祎，杨泳冰，胡浩，等，2017. 中国化肥减量目标研究——基于满足农产品供给与水资源的双重约束 [J]. 农业技术经济 (2): 102-110.

张红凤，张细松，2021. 环境规制理论研究 [M]. 北京：北京大学出版社 .

张利国，2015. 水稻种植农户产品营销方式选择行为分析 [J]. 农业技术经济 (3): 54-60.

张卫峰，张福锁，2016. 中国肥料发展研究报告 [M]. 北京：中国农业大学

出版社 .

张元红，刘长全，国鲁来，2015. 中国粮食安全状况评价与战略思考 [J]. 中国农村观察 (1): 2-14+29.

赵建欣，张忠根，2007. 基于计划行为理论的农户安全农产品供给机理探析 [J]. 财贸研究 (6): 40-45.

赵连阁，蔡书凯，2012. 农户 IPM 技术采纳行为影响因素分析——基于安徽省芜湖市的实证 [J]. 农业经济问题，33(3): 50-57+111.

周洁红，2006. 农户蔬菜质量安全控制行为及其影响因素分析：基于浙江省 396 户菜农的实证分析 [J]. 中国农村经济 (11): 25-34.

周磊，2012. 农户参与农村合作经济组织的意愿和行为分析 [D]. 武汉：华中农业大学 .

周顺利，张福锁，等，2001. 土壤硝态氮时空变异与土壤氮素表现盈亏研究 [J]. 生态学报 (4): 53-61.

朱启荣，2008. 城郊农户处理农作物秸秆方式的意愿研究——基于济南市调查数据的实证分析 [J]. 农业经济问题 (5): 103-109.

ABBADI J，GERENDAS J，2015. Phosphorus use efficiency of safflower (Carthamus tinctorius L.)and sunflower(Helianthus annuus L.)[J]. Journal of Plant Nutrition，38(7): 1121-1142.

AGGARWAL P K，TALUKDAR K K，MALL R K，2000. Potential yields of rice-wheat system in the Indo-Gangetic plains of India [J]. Rice-wheat Consortium Paper Series，10: 16.

AIKEN D V，PASURKA C A. 2003. Adjusting the Measurement of US Manufacturing Productivity for Air Pollution Emission Control [J]. Resource and Energy Economics，25(4): 329-351.

AJZEN I，1991. The Theory of Planned Behavior.[J]. Organizational Behavior and Decision Processes，50(2): 179-211.

AJZEN I，FISHBEIN M，1980. Understanding Attitude and Predicting Behavior[J]. Englewood Cliffs: Prentice 2 Hall，1992—2011.

ANDERSON M S，1960. History and development of soil testing. [J]. Agricultural and Food Chemistry，8(2): 84-87.

ARGOTE L，MCEVILY B，REAGANS P，2003. Managing Knowledge in Organizations：An Integrative Framework and Peview of Emerginglemes[J]. Management Science(49): 571-582.

BECKER M，ASCH F，MASKEY S L，et al. 2007. Effects of transition season management on soil N dynamics and system N balances in rice-wheat rotations of Nepal [J]. Field Crops Research 103: 98-108.

CHRISTOFFERSSON A，1975. Factor analysis of dichotomized variables[J]. Psychometrika，40(1): 5-32.

CHRISTOPHER J，ARMITAGE M C，2001. Efficacy of a minimal intervention to reduce fat intake [J]. Social Science & Medicine，52(10): 1517-1524.

CLAIRS B S，LYNCH J P，CAKMAK L，2010. The opening of Pandora's Box: climate change impacts on soil fertility and crop nutrition in developing countries [J]. Plant and Soil，335: 101-115.

CROPPER L M，1992. Monoclonal antibodies for the identification of herpesvirus simiae(B virus)[J].PubMed，127: 267-277.

CUI Z，ZHANG H，CHEN X，et al. 2018. Pursuing Sustainable Productivity with Millions of Smallholder Farmers [J]. Nature(7696): 363.

DEVELLIS R F，1991. Scale Development: Theory and Applications[J]. Applied Social Research Methods Series.

EBRAHMIAN H，KESHAVARZ M R，PLAYAN E，2014. Surface fertigation: a review，gaps and needs[J]. Spanish Journal of Agricultural Research，12(3): 820-837.

ERENSTEIN O，FAROOQ U，MALIK R K，et al. 2008. On-farm impacts of zero tillage wheat in South Asia's rice wheat systems [J]. Field Crops Research，105: 240-252.

FEIGIN A，LETEY J，JARRELL W M，1982. N utilization efficiency by drip irrigated celery receiving preplant or water applied N fertilizer[J]. Agronomy Journal，74(6): 978-983.

FERTILISER MANUAL，2009. Department for Environment Food and Rural Affairs [M]. 8th Edition. http://www.defra.gov.uk.

FISHBEIN M, AJZEN I, 1975. Belief, attitude, intention, and behavior:An introduction to theory and research [M]. USA: Addison Wesley, 511-561.

FLORA D B, CURRAN P J, 2004. An empirical evaluation of alternative models of estimation for confirmatory factor analysis with ordinal data [J]. Psychological Methods, 9: 466-491.

FOULKES M J, HAWKESFORD M J, BARRACLOUGH P B, et al. 2009. Identifying traits to improve the nitrogen economy of wheat: Recent advances and future prospects [J]. Field Crops Research, 9: 1-14.

FREEL S, 2005. Perceived Environmental Uncertainty and Innovation in Small Firms [J].Small Business Economics, 25(1): 49-64.

GOULDER L, MATHAI H K, 2009. Optical CO2 Abatement in the Presence ofInduced Technological Change [J]. Journal of EnvironmentalEconomics and Management, (9): 1-38.

GROBELNA A, MARCISZEWSKA B, 2013. Measurement of service quality in the hotel sector: the case of Northen Poland [J]. Journal of Hospitality Marketing and Management, 22(3): 313-332.

HAGIN J, LOWENGART A, 1996. Fertigation for minimizing environmental pollution by fertilizers[J]. Fertilizer Research, 43: 5-7.

HAIR J F, BLACK W C, BABIN B J, et al. 1998. Multivariate Data Analysis [M]. Prentice-Hall.

HEFFER P, 2009. Assessment of fertilizer ued by crop at the global level: 2006/07_2007/8[R]. Pairs, France: International Fertilizer Industry Association.

HOLMBERG J, 1992. Making Development Sustainable: Redefining Institutions Policy and Economics [M]. Washington: Island Press.

ICEK A, DRIVER B L, 1991. Prediction of leisure participation from behavioral, normative, and control beliefs: An application of the theory of planned behavior [J].Leisure Sciences, 13(3): 185-204.

JENKINS W, 2003. Sustainability theory. In: Encyclopedia of Sustainability [M]. New York: Springer, 380-384.

JORESKOG K G, SÖRBOM D, 2001. LISREL user's guide[M]. Chicago: Scientific Software International.

KASHIATH R S, VIPIN P B, 2002. Application of Mitscherlich-Bray equation for fertlizer use in wheat[J]. Communication in Soil Science and Plant Analysis, 33: 3241-3249.

KLINE R B, 2015. Principles and Practice of Structural Equation Modeling[M]. Guilford Publication.

KOUROUXOU M I, SIARDOS G K, IAKOVIDOU O I, 2005. Olive trees farmers: Agricultural management, attitudes and behaviours towards environment [M]. Proceedings of the International Conference on Environmental Science and Technology, A829-A835.

KRUPA S V, 2003. Effects of atmospheric ammonia(NH_3)on terrestrial vegetation: A review [J]. Environment Pollution, 124: 179-221.

LUMLEY S, ARMSTRONG P, 2004. Some of the nineteenth century origins of the sustainability concept [J]. Environment Development & Sustainability, 6(3): 367-378.

LOU X F, NAIR J, 2012. The impact of landfilling and composting on greenhouse gas emissions-A review[J]. Bioresource Technology, 64(11): 2305-2308.

MEBRATU D, 1998. Sustainability and sustainable development: historical and conceptual review[J]. Environmental Impact assessment Review, 18(6): 493-520.

MISLEVY R J, 1986. Recent Developments in the Factor Analysis of Categorical Variables [J]. Journal of Educational and Behavioral Statistics, 3(35): 280-306.

MOHAMMEND Y A, JONATHAN K, CHIM B K, et al, 2013. Nitrogen fertilizer management for improved grain quality and yield in winter wheat in Oklahoma [J]. Journal of Plant Nutrition, 36: 749-761.

MUTHEN B O, DU TOIT S H C, SPISIC D, 1997. Robust inference using weighted least squares and quadratic estimating equations in latent variable modeling with categorical and continuous outcomes [J]. Accepted for publication in Psychometrika.

MUTHEN B O, 1983. Latent variable structural equation modeling with categorical variables [J]. Journal of Econometrics, 49: 22–45.

NAGASE Y, UEHARA T, 2011. Evolution of population–resource dynamics models [J]. Ecological Economics, 72(1725): 9–17.

O'RIORDAN T, 1985. Research policy and review 6. Future directions for environmental policy [J]. Environment and Planning a, 17(11): 1431–1446.

PAARLBERG R, 2013. Food Politics[M]. second edition. Oxford: Oxford University Press.

PEARCE D W, TURNER R K, 1990. Economics of natural Resources and the Environment[M]. Maryland: JhU Press.

PORTER M E, 1991. America's Green Strategy [J]. Scientific American, 264(4): 168–264.

REDCLIFFE M, 1987. Sustainable Development: Exploring the Contradictions[M]. London: Methuen.

BAGOZZI R P, LEE K H, LOO M F V, 2001. Decisions to donate bone marrow: The role of attitudes and subjective norms across cultures [J]. Psychology & Health, 2(5)29–56.

ROBERT P, 1993. Characterisation of soil conditions at the field level for soil specific management [J]. Geoderma, 60(1): 57–72.

ROGER R W, 1975. A Protecction Motivation Theory of Fear Apperls and Attitude Change [J].The Journal of Psychology Interdisciplinary and Applied, 91(1): 93–114.

SAHARAWAT Y S, BHAGAT S, MALIK R K, et al. 2010. Evaluation of alternative tillage and crop establishment methods in a rice–wheat rotation in North Western IGP [J]. Field Crops Research, 116(3): 60–267.

SALEQUE M A, UDDIN M K, FERDOUS A K M, et al. 2007. Use of Farmers' Empirical Knowledge to Delineate Soil Fertility–Management Zones and Improved Nutrient–Management for Lowland Rice [J]. Communications in Soil ence & Plant Analysis, 39(1–2): 25–45.

SEMENOV M A, JAMIESON P D, MARTRE P. 2007. Deconvoluting nitrogen use efficiency in wheat: A simulation study [J]. European Journal of Agronomy, 26: 283-294.

SINGH D, SINGH K, HUNDAL H S, 2012. Diagnosis and recommendation integrated system(dris)for evaluating nutrient status of cotton [J]. Journal of Plant Nutrition, 35: 192-202.

SHI Z L, LI D D, JING Q, et al. 2012. Effects of nitrogen applications on soil nitrogen balance and nitrogen utilization of winter wheat in a rice-wheat rotation [J]. Field Crops Research(127): 241-247.

SHI Z L, JING Q, CAI J, et al. 2012. The fates of 15N fertilizer in relation to root distributions of winter wheat under different N splits [J]. European Journal of Agronomy(40): 86-93.

SHORTLE J S, DUUN J W, 1986. The Relative Efficiency of Agricultural Source Water Pollution Control Policies [J]. American Journal of Agricultural Economics(68): 668-677.

SPANGENBERG J H, 2011. Sustainability science: a review, an analysis and some empirical lessons [J]. Environmental Conservation, 38(3): 275-287.

TIMSINA J, CONNOR D J, 2001. Productivity and Management of Rice-Wheat Cropping Systems: Issues and Challenges [J]. Journal of Field Crops Research, 59: 93-132.

WALLEY N, WHITEHEAD B, 1994. It's Not Easy Being Green [J]. Harvard Business Review, 5: 46-52.

WILLIAMS C C, MILLINGTON A C, 2004. The diverse and contested meanings of sustainable development [J]. The Geographical Journal, 170(2): 99-104.

ZHANG J J, ZHENG X P, ZHANG X S, 2010. Farmers' information acceptance behavior in China [J]. African Journal of Agricultural Research, 3: 217-221.

ZHANG N Q, WANG M H, WANG N. 2002. Precision agriculture-a worldwide overview [J]. Computers and Electronics in Agriculture, 36: 113-132.